石油教材出版基金资助项目

石油高等院校特色规划教材

流体与热工实验

叶 峰　肖 东　陈小榆　主编

石油工业出版社

内容提要

本书是配合"工程流体力学与热工基础"课程教学进度而设计的实验指导书,共分为四章:第一章为实验误差分析与数据处理;第二章为流体与热工实验参数测量方法,除介绍常规仪器外,还介绍了一些现代测量技术,如激光测速法、热线流速仪法、电磁流量计、超声式流量计等;第三章、第四章分别为流体力学实验与热工实验,共20个实验项目。

本书可作为高等院校石油工程、油气储运、机械工程、过程装备及控制、建筑环境与设备、土木工程、环境工程等专业本科生的流体与热工实验指导书,还可以作为选修"实验流体力学及传热学"的高年级本科生的教学参考书,也可供其他相关工程技术人员参考。

图书在版编目(CIP)数据

流体与热工实验/叶峰,肖东,陈小榆主编. —北京:石油工业出版社,2020.4(2023.7重印)

石油高等院校特色规划教材

ISBN 978 – 7 – 5183 – 3688 – 3

Ⅰ.①流… Ⅱ.①叶…②肖…③陈… Ⅲ.①流体力学—高等学校—教材 ②热力学—高等学校—教材 Ⅳ.①O35 ②TK122

中国版本图书馆 CIP 数据核字(2020)第 056022 号

出版发行:石油工业出版社

(北京市朝阳区安华里2区1号楼 100011)

网　　址:www.petropub.com

编辑部:(010)64256990

图书营销中心:(010)64523633　(010)64523731

经　　销:全国新华书店

排　　版:北京密东文创科技有限公司

印　　刷:北京中石油彩色印刷有限责任公司

2020年4月第1版　2023年7月第2次印刷

787毫米×1092毫米　开本:1/16　印张:7.25

字数:186千字

定价:20.00元

(如发现印装质量问题,我社图书营销中心负责调换)

版权所有,翻印必究

前　言

"工程流体力学与热工基础"是工科类高等院校重要的专业基础课程，是连接前期基础课程和后续专业课程的桥梁。该课程包括理论和实验两部分。工程流体力学与热工基础实验(简称流体与热工实验)在其学科的发展及教学工作中占有非常重要的地位。众多相关领域的科学家都是从流动和传热现象的观察以及流动和传热规律的实验中获得了极其重要的信息，经过分析、归纳、总结得出了许多有意义的结论，从而大大地发展了流体力学、热力学以及传热学。

本书为西南石油大学流体与热工实验编写组在结合多年教学实践经验及原有讲义的基础上，广泛吸收国内外实验教材的优点集体编写完成，其内容覆盖了工程流体力学与热工基础教学大纲所要求的所有实验。本书可以加强学生对流动现象和热现象的感性认识，验证所学理论，提高学生的理论分析能力，可以使学生掌握流动和传热参数测量的基本方法，培养科学实验的严谨作风，并为进一步培养学生进行科学研究的工作能力打下坚实的基础。

本书由叶峰、肖东、陈小榆担任主编，李永杰、孙杨、喻欣、张涛、刘恩斌、朱红钧、申洁、贾敏、魏纳、王其军、吕栋梁、李红涛、张钊等参与编写。全书由肖东统稿。赖天华、王琨、叶鸣等专家和前辈对本书提出了很多宝贵的意见。硕士研究生胡艺凡、许佳欣为本书的文字整理和录入付出了很多的心血。本书的出版得到了西南石油大学2019年度创新创业研究基金项目：以创新创业教育为特色的"工程热力学与传热学"课程建设[编号：校社专项(双创)025]的资助；另外，西南石油大学石油与天然气工程学院对本书的编写工作给予了很大帮助，在此谨致以衷心感谢。

由于编者水平有限，书中的缺点和错误在所难免，恳切希望读者批评指正。

编者
2020年1月于西南石油大学

目 录

第一章 实验误差分析与数据处理 ·· 1
  第一节 误差的性质及其分类 ·· 1
  第二节 测量结果的表示方法和处理方法 ·· 9
  第三节 动态测试数据的处理 ·· 12

第二章 流体与热工实验参数测量方法 ·· 15
  第一节 流动显示 ·· 15
  第二节 压力的测量 ·· 17
  第三节 温度的测量 ·· 20
  第四节 流速的测量 ·· 21
  第五节 流量的测量 ·· 28

第三章 流体力学实验 ·· 34
  实验一 流体静力学实验 ·· 34
  实验二 不可压缩流体恒定流能量方程实验 ······································ 37
  实验三 不可压缩流体恒定流动量方程实验 ······································ 40
  实验四 毕托管实验 ·· 44
  实验五 雷诺实验 ·· 47
  实验六 文丘里流量计实验 ·· 50
  实验七 沿程水头损失实验 ·· 54
  实验八 非牛顿流体流变参数测定实验 ·· 59
  实验九 水面曲线实验 ·· 62
  实验十 堰流实验 ·· 67
  实验十一 水跃实验 ·· 72
  实验十二 自循环流动演示实验 ·· 77

第四章 热工实验 ·· 82
  实验一 理想气体绝热指数测定实验 ·· 82
  实验二 压气机性能实验 ·· 85
  实验三 喷管实验 ·· 89
  实验四 热导率测定实验 ·· 92
  实验五 二维温度场电模拟实验 ·· 96
  实验六 自然对流换热实验 ·· 101
  实验七 强迫对流换热实验 ·· 104
  实验八 换热器实验 ·· 108

参考文献 ·· 112

第一章 实验误差分析与数据处理

第一节 误差的性质及其分类

一、误差的性质

测量工作对于科学研究和工业生产的任何部门来说都是非常重要的工作之一。它是人们获取各类实践知识的重要手段,同时也是科学实验和生产制造中不可缺少的内容。误差分析与数据处理是流体与热工实验中的一项基础性工作,其系统方法是流体与热工实验的理论基础之一。

从流体与热工实验中获得所需的测量数据或随时间变化的记录曲线时,由于实验方法和实验仪器及设备系统等的不完善、外部环境因素的影响以及人们对客观事物认识能力的限制,其数值与被测值的真值之间会出现差异,这就是误差。所谓真值,是指在一定的时间和空间条件下,某物理量所表现的真实数值。

有些情况下真值是已知的,也有些情况下真值是未知的。真值可知的情况有以下几种:

(1)理论真值。例如,平面三角形的内角和为 $180°$ 等。

(2)指定真值。通常由国际权威机构及会议约定。

(3)相对真值。高一级标准仪器与低一级标准仪器或普通标准仪器的误差相比为其 $1/20 \sim 1/3$ 时,则可认为前者是后者的相对真值。例如,标准硬度试块与普通硬度试块所测量的硬度值,标准热电偶与普通热电偶测量的温度值等。

了解误差的种类、性质、表现形式及其产生的原因,便可采取有效的方法来处理实验测量值中的误差,以保证在一定条件下所得到的实验结果具有一定的可靠性。对于从事科学研究的工作者,特别是实验研究的科学工作者来说,这些都应该是必须知道或掌握的基本知识及技能。

由于误差的存在,从实验中得到的测量值只能接近于真值。根据定义,测量误差 δ_i 就是指测量值 x_i 与真值 μ 之差,即

$$\delta_i = x_i - \mu \tag{1-1}$$

二、误差的分类

根据误差的性质,实验误差大致可分为随机误差、系统误差和粗大误差(粗差)三类。

1. 随机误差

在同一测量条件下,多次测量同一量值时,误差的绝对值的大小和符号以不可预定的方式

变化,但对它却可以用概率统计的方法加以描述和分析。这种类型的误差就是随机误差,简称随差,又称偶然误差,其具有随机变量的一切特点,因而在一定条件下服从统计规律。随机误差的产生完全取决于测量过程中一系列随机因素的影响,这些随机因素就是由许多暂时未能掌握或不便掌握的微小因素所引起的,如温度、湿度、空气振动、电网中电压波动、测量设备中零部件的配合不稳定、人员瞄准和读数技术的差异等,时时刻刻都在影响着测量系统。随机误差的大小决定了测量系统的精密度。

1)随机误差分析

一般而言,在无系统误差和粗大误差的测量值中只包含随机误差。对从实验中得到的测量值进行分析和处理,实质上就是对测量值中的随机误差的分析和处理,以得到正确的实验结论。随机误差是随机变量。根据误差理论,绝大多数随机误差都遵从正态分布。因此,正态分布在误差理论中占有十分重要的地位。遵从正态分布的误差具有下述 4 个特征:

(1)有界性。在一定条件下的有限测量值中,误差的绝对值不会超过一定的界限,绝对值很大的误差所出现的概率近于零,称为误差的有界性。

(2)对称性。绝对值相等的正负误差出现的概率相同,称为误差的对称性。

(3)单峰性。绝对值小的误差出现的概率比绝对值大的误差出现的概率大,称为误差的单峰性。

(4)抵偿性。在同一条件下多次测量同一值时,其误差的算术平均值随测量次数的无限增加而趋于零,称为误差的抵偿性。利用随机误差抵偿性这个特征,可以采用增加测量次数的方法来减少随机误差的影响。

除了正态分布外,尚有一些非正态分布的误差,例如,因仪器度盘的刻度差产生的误差、眼睛的瞄准误差、数据截尾的舍入误差等都遵从均匀分布;由于仪器度盘偏心引起的角度测量误差、电子测量中谐振的振幅误差等都属于反正弦分布;在实验误差分析中还会遇到遵从直角分布、三角分布等误差。

表 1-1 中列出了常见的随机误差分布及其置信系数。

表 1-1 常见的随机误差分布及其置信系数

分布名称	图形	分布密度	方差	置信系数
正态分布	(图:正态分布曲线,横轴标注 $-\sigma$, $+\sigma$)	$f(\delta)=\dfrac{1}{\sigma\sqrt{2\pi}}\mathrm{e}^{\dfrac{-\delta^2}{\sigma^2}}$ $\|\delta\|<\infty$	σ^2	2.58~3
反正弦分布	(图:反正弦分布曲线,横轴标注 $-\alpha$, $+\alpha$)	$f(\delta)=\dfrac{1}{\pi\sqrt{\alpha^2-\delta^2}}$ $\|\delta\|<\alpha$	$\dfrac{\alpha^2}{2}$	$\sqrt{2}=1.414$

续表

分布名称	图形	分布密度	方差	置信系数
均匀分布		$\begin{cases} f(\delta)=0, |\delta|>\alpha \\ f(\delta)=\dfrac{1}{2\alpha}, |\delta|\leqslant\alpha \end{cases}$	$\dfrac{\alpha^2}{3}$	$\sqrt{3}=1.732$
三角分布		$\begin{cases} f(\delta)=\dfrac{\alpha+\delta}{\alpha^2}, -\alpha\leqslant\delta\leqslant 0 \\ f(\delta)=\dfrac{\alpha-\delta}{\alpha^2}, 0\leqslant\delta\leqslant\alpha \end{cases}$	$\dfrac{\alpha^2}{6}$	$\sqrt{6}=2.45$
直角分布		$f(\delta)=\dfrac{\delta+\alpha}{2\alpha^2}$ $|\delta|<\alpha$	$\dfrac{2\alpha^2}{9}$	$\dfrac{3}{\sqrt{2}}=2.12$
椭圆分布		$f(\delta)=\dfrac{\delta}{\pi\alpha^2}\sqrt{\alpha^2-\delta^2}$ $|\delta|<\alpha$	$\dfrac{\alpha^2}{4}$	2
双三角分布		$\begin{cases} f(\delta)=\dfrac{-\delta}{\alpha^2}, -\alpha<\delta<0 \\ f(\delta)=\dfrac{\delta}{\alpha^2}, 0<\delta<\alpha \end{cases}$	$\dfrac{\alpha^2}{2}$	$\sqrt{2}=1.414$

2) 随机误差的统计分析

随机误差的统计分析,是在完全排除了系统误差的前提下进行的,即认为系统误差不存在,或已经改正,或小得可以忽略不计。

(1) 算术平均值、方差和标准差。

设在一定条件下,对某一物理量进行多次重复等精度的测量,得到的测量值为 $x_1, x_2, \cdots, x_n$,则这些测量值的算术平均值为

$$m_x = \dfrac{\sum\limits_{i=1}^{n} x_i}{n} \tag{1-2}$$

在无系统误差的测量值中，m_x 就是被测量值的真值 μ，而 $x_i - \mu$ 就是式(1-2)所表示的测量误差 δ_i。测量值的方差可表达为

$$\sigma^2 = \frac{\sum_{i=1}^{n} \delta_i^2}{n}, n \to \infty \tag{1-3}$$

将方差 σ^2 开方，即得标准差 σ。σ 是一个正数，它的大小取决于测量的条件。它是确定随机误差分布曲线的一个反映测量数据的分散程度的重要参数。σ 值越小，表明测量的精度越高。σ 不是一个具体的误差值，任何单项测量值的误差 δ_i 都不等于 σ，但是这一测量值却具有同样的标准差 σ 值。在一般情况下，从实验中获得的都是有限测量次数中得到的被测量值的真值 μ 的估计值 $\bar{x}$ 和每次测量中的残差 v_i 值，即

$$\bar{x} = \frac{\sum_{i=1}^{n} x_i}{n} \tag{1-4}$$

$$v_i = x_i - \bar{x} \tag{1-5}$$

当 n 值有限时，方差用 $\hat{\sigma}^2$，它可采用贝塞尔公式来估计：

$$\hat{\sigma}^2 = \frac{\sum_{i=1}^{n} v_i^2}{n-1} \tag{1-6}$$

当 n 值无限时，$\hat{\sigma}^2$ 可以写为

$$\hat{\sigma}^2 = \frac{\sum_{i=1}^{n} v_i^2}{n} \tag{1-7}$$

(2) 测量的极限误差。

① 单次测量的极限误差。如果单次测量的次数足够多，且误差属正态分布时，根据概率论，随机误差在 $-\delta$ 到 $+\delta$ 范围内的概率为

$$p(\pm \delta) = \frac{1}{\sigma \sqrt{2\pi}} \int_{-\delta}^{+\delta} \exp\left(\frac{-\delta^2}{2\sigma^2}\right) d\delta = \frac{2}{\sigma \sqrt{2\pi}} \int_{0}^{\delta} \exp\left(\frac{-\delta^2}{2\sigma^2}\right) d\delta \tag{1-8}$$

误差 δ 在某区间出现的概率与标准差 σ 的大小密切相关，故常把区间极限取成标准差 σ 的倍数。令 $t = \delta/\sigma$，用此新的随机变量置换式(1-8)中的 δ，得

$$p(\pm \delta) = \frac{2}{\sqrt{2\pi}} \int_{0}^{\delta} \exp\left(\frac{-t^2}{2}\right) dt = 2\varphi(t) \tag{1-9}$$

若某随机误差在 $\pm t\delta$ 范围内出现的概率为 $2\varphi(t)$，则超越概率将是

$$\alpha = 1 - 2\varphi \tag{1-10}$$

表1-2中列出了随机变量 t 和在 $\pm t\delta$ 范围内出现的概率及超越概率的关系值。

表1-2 随机变量 t 和在 $\pm t\delta$ 范围内出现的概率及超越概率的关系值

t	$|\delta| = t\alpha$	$2\varphi(t)$	$1 - 2\varphi(t)$
0.67	0.67σ	0.4972	0.5028
1	1σ	0.6826	0.3174
2	2σ	0.9544	0.0456

续表

t	$\|\delta\| = t\alpha$	$2\varphi(t)$	$1 - 2\varphi(t)$
3	3σ	0.9973	0.0027
4	4σ	0.9999	0.0001

从表 1-2 可见,随着 t 增大,σ 超出 $|\delta|$ 的概率减小得很快。当 $t=3$ 时,$1-2\varphi(t)=0.0027$,是一个很小的概率,属于不可能发生的事件。通常把 $\delta_{\lim x} = \pm 3\sigma$ 称为单次测量的极限误差。一般情况下的单次测量的极限误差可表示为 $\delta_{\lim x} = \pm t\sigma$。如果已知测量值的标准差 σ,则当选定置信系数 t 后,就可得到 $\delta_{\lim x}$ 的值。

②算术平均值的极限误差。测量值的算术平均值与测量值的真值之差称为算术平均值误差,即

$$\delta_{\bar{x}} = \bar{x} - \mu \tag{1-11}$$

当多个测量值的算术平均值误差 $\delta_{\bar{x}} = \bar{x}_i - \mu (i=1,2,\cdots,n)$ 服从正态分布时,测量值的算术平均值的极限误差将为

$$\delta_{\lim \bar{x}} = \pm t\sigma_{\bar{x}} \tag{1-12}$$

式(1-12)中通常取置信系数 $t=3$。当测量值的测量次数较少时,就应按 t 分布来计算,即

$$\delta_{\lim \bar{x}} = \pm t_\alpha \cdot \sigma_{\bar{x}} \tag{1-13}$$

式(1-13)中的置信系数 t_α 由所给的置信概率 $p=1-\alpha$ 和自由度 $k=n-1$ 来确定。表 1-3 给出了置信系数数值。

表 1-3 置信系数数值

k \ α	0.01	0.05	k \ α	0.01	0.05
1	63.7	12.7	18	2.88	2.10
2	9.92	4.30	19	2.86	2.09
3	5.84	3.18	20	2.84	2.09
4	4.60	2.78	21	2.83	2.08
5	4.03	2.57	22	2.82	2.07
6	3.71	2.45	23	2.81	2.07
7	3.56	2.36	24	2.80	2.06
8	3.36	2.28	25	2.79	2.06
9	3.25	2.26	26	2.78	2.05
10	3.17	2.23	27	2.77	2.05
11	3.11	2.20	28	2.76	2.05
12	3.05	2.18	29	2.76	2.04
13	3.01	2.16	30	2.75	2.04
14	2.08	2.14	40	2.70	2.02
15	2.05	2.13	60	2.66	2.00
16	2.92	2.12	120	2.62	1.98
17	2.90	2.11	∞	2.58	1.96

2. 系统误差

在物理量测量过程中既存在随机误差，也不可避免地存在系统误差。系统误差简称系差，即在一定条件下多次测量同一量值时，误差的绝对值大小和符号保持恒定，故又称恒定误差。

1) 系统误差分析

系统误差是服从某一函数规律变化的误差，其中也包含固定不变这一规律，即其本质和表现形式都具有确定性。它来源于测量工具不完善，实验装置的安装、布置及调试不当，测量方法不合理或出现错误，测量工作者的感觉器官或运动器官临时性的缺陷，外界环境因素变化等。系统误差按其变化规律可分为常值误差、累进性误差（线性的和非线性的）、周期性误差及按复杂规律变化误差。如图 1-1 所示，曲线 a 为常值误差；b 为线性变化误差；c 为非线性变化误差；d 为周期性变化误差；e 为按复杂规律变化误差。一个测量系统的正确度，由该系统的系统误差来确定。

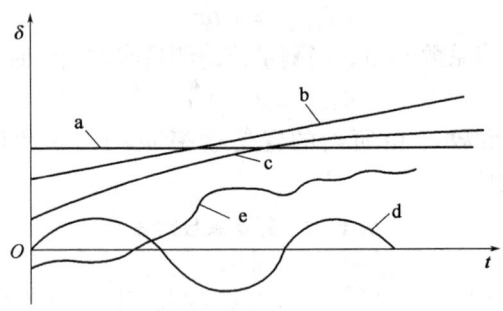

图 1-1　系统误差的表现形式

系统误差的研究及其成果已成为现代误差理论的重要组成部分。

在每次测量过程中，系统误差和随机误差总是伴随着出现的，这也给误差分析和处理带来困难。一般情况下，常按其对测量结果的影响程度分为以下 3 种情况作具体处理：

(1) 系统误差远大于随机误差的影响，随机误差忽略不计，按纯系统误差处理；

(2) 系统误差小得可以忽略不计或已改正，此时按纯随机误差处理；

(3) 系统误差和随机误差的影响相当，此时要分别处理。

系统误差的存在对测量结果有严重的影响，必须消除系统误差或将其降到最低程度。如上所述，系统误差是固定的或按一定规律变化的误差。因此，不能采用随机误差的分析方法来处理它。系统误差是一种符合某确定性解析函数变化的误差，常常要涉及对于具体测量对象及原理和测量仪器设备等的系统分析，处理起来看似很困难，实际上模式识别方法或理论能有效地解决此类问题。判别系统误差的方法通常有以下几种：

(1) 观察偏差的趋势。

当存在着变化的系统误差，并且系统误差值大于随机误差时，则测量误差的大小和符号的变化趋势将取决于系统误差的变化规律。按照不同情况可以得到不同的结果：

①把测量数据所对应的偏差按测量次序先后排列，如果发现偏差有规则地只向一个方向演变，例如，前段的偏差为负号，后段的偏差为正号，则这个数据列中必定含有累积的系统误差。

②当测量次数较多时,可按照测量的先后次序分别求出前半段和后半段数据偏差的总和。若两段总和的差值显著地不接近于零,则表明数据中包含有累积的系统误差。

③把数据的偏差按测量顺序排列,如果偏差的符号作周期性变化,则表明数据中包含有累积的系统误差。

④如果是动态测量,则观察其记录曲线。若记录曲线的平均水准线保持水平,则表明数据中不包含变化的系统误差;若平均水准线由低到高或由高到低,则表明数据中含有累积的系统误差;若平均水准线作周期性变化,则这些数据中必有周期性系统误差存在;若平均水准线作复杂规律变化,则表明这列数据中含有复杂的系统误差。

系统误差的几种变化规律示于图1-2,其中(a)所示是不变化的系统误差;(b)所示是有累积的系统误差;(c)所示是周期性变化的系统误差;(d)所示是复杂变化的系统误差。

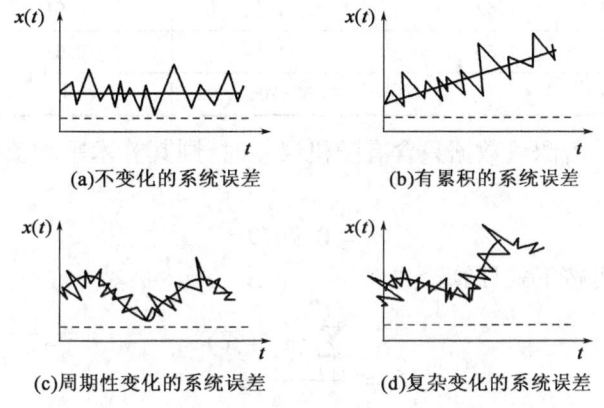

图1-2 系统误差的几种变化规律

(2)正态分布判别法。

①用正态概率纸来判别。把测量数据列成频率分布表,然后作图,以数据值为横坐标,以累计频率为纵坐标,描点连线,如图1-3所示。

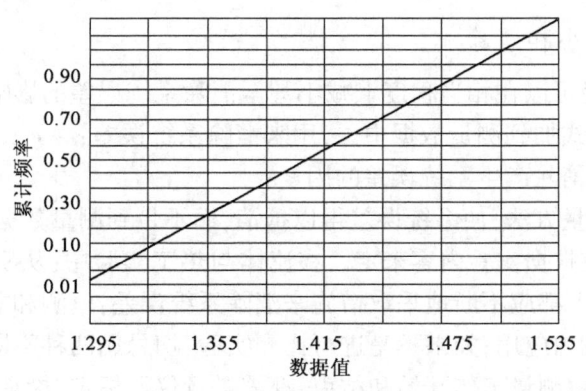

图1-3 正态概率纸检验

若各点在一条直线上(尤其是中间点),则表明所测得的数据只含随机误差,而无系统误差;反之,若各点明显地不在一条直线上,则表示测量数据中含系统误差。表1-4给出的测量数据频率分布表,可作为上述判别的示例。

表 1-4 测量数据频率分布表

数据组限	中　值	次　数	频　率	累计频率
1.205~1.295	1.28	1	0.01	0.01
1.295~1.325	1.31	4	0.04	0.05
1.325~1.355	1.34	7	0.07	0.12
1.355~1.385	1.37	22	0.22	0.34
1.385~1.415	1.40	23	0.23	0.57
1.415~1.445	1.43	25	0.25	0.82
1.445~1.475	1.45	10	0.10	0.92
1.475~1.505	1.49	6	0.06	0.98
1.505~1.535	1.52	1	0.01	0.99
1.535~1.565	1.55	1	0.01	1
和		$N=100$	1	

②用公式来判别。若测量数据只含有随机误差时,则其算术平均值偏差 δ 与标准差 σ 之间有下列关系：

$$\delta = 0.7979\sigma \tag{1-14}$$

算术平均值偏差可按下式计算：

$$\delta = \frac{\sum_{i=1}^{n}(x_i - \overline{x})}{n} \tag{1-15}$$

标准差 σ 则可按式(1-6)计算。如果算出的 δ、σ 与式(1-14)所表达的关系式相差很大,则表明测量数据中含有系统误差。

③按变化测量条件来进行判别。在一种条件下测量,数据误差有一种符号。当上述条件消失或发生变化时,误差即改变符号,这样就可以发现随测量条件变化而变化的固定系统误差。

2) 系统误差的减小和消除

通过以下一些途径可以在相当程度上减小甚至消除系统误差的影响：

(1) 以修正值的形式加到测量数据中去,用来消除系统误差；

(2) 在实验过程中消除产生系统误差的因素；

(3) 选择合适的测量方法,使系统误差得以抵消,而不带到测量数据中去。

上述途径的选择应根据实验内容来定。在流体与热工实验中,从实验准备到数据测量和数据处理,在各个环节上都应不断地采取措施来消除系统误差：电测和非电测的仪器与仪表都必须在规定的量程范围内应用；如果不是进行比测实验,切忌用两种不同类型的测量仪器先后测试同一个实验的结果；测量工作开始和结束,都需进行仪器标定,检查仪器零位的漂移情况,过大的零位漂移会使实验结果失真,需重新进行实验；测试前,模型和测试装置必须安装正确,否则就会引起系统误差；在实验过程中,有些系统误差是很难避免的,例如,水池的堵塞效应对船模的速度进行修正,用不同的函数或经验公式处理实验数据也会带来不同的误差,甚至人们对已经比较成熟的实验方法进行一些简化或操作上不甚合理等,也会引起方法误差。因此,对待模型实验应精心设计,要尽可能地减小或消除系统误差,提高实验精度。

3. 粗大误差

超出在规定条件下能够预计的误差称为粗大误差。它是由于差错引起的,测量时人为的读错、记错,仪器与仪表记录突然跳动,实验状态尚未达到预期的条件就匆忙开始测量和记录等,都是引起粗大误差的原因。

1) 粗大误差分析

粗大误差具有偶然性和数值偏大等特征。含有粗大误差的测量值属于"坏值",在进行数据处理时,应把它从测量值列中剔除掉。

在进行等精度的多次测量中有时会发现个别数据与其他数据相比时差别甚大,这类结果究竟是正常的随机误差呢,还是粗大误差?若能判定此值确是粗大误差,应该作为"坏值"加以剔除。但是,在数据列中有些较大的数值并不一定就是"坏值",如果人为地加以剔除,表面上看测量数据的离散性小了,实验精度似乎提高了,实质上却是虚假的现象,反面歪曲了实验的真实结果,因此,必须正确地判别"坏值"。

2) 粗大误差的判别及剔除

检测或校核粗大误差的准则有以下两种:

(1) 3σ 准则。3σ 准则也称拉依达准则。假设在一列等精度的测量结果中,对于某一测量值,若只含有随机误差,且测量次数足够多时,则可按随机误差正态分布规律来检验,凡是大于 3σ 的残余误差的测量值即可被认为含有粗大误差,应予剔除。

(2) t 检验准则。t 检验准则也称罗曼诺夫斯基准则。如果测量次数较少时,先剔除一个可疑的测量值,然后按 t 分布检验被剔除的测量值是否含有粗大误差。如果被剔除的测量值的残差大于被剔除掉 x_j 后的极限误差 $t_\alpha \sigma$,则认为 x_j 是粗大误差,应予剔除。

对于实验测量值中的粗差,除了用上述方法进行判别外,更重要的是杜绝和防止粗差的发生。其中最主要的是人为因素。因此,实验工作者必须具有高度的工作责任心、严格的科学态度和实事求是的工作作风,同时还必须有科学的管理制度,能保证实验条件的稳定和实验计划的顺利执行,这样就可以防止粗大误差的产生。

第二节 测量结果的表示方法和处理方法

一、测量结果的表示方法

测量方法有直接测量和间接测量两种。直接测量就是被测量与标准量直接进行比较。间接测量则是被测量的物理量要通过另外几个直接测得的物理量之间存在的关系来求得。测量结果的表达形式因不同的要求而不同,当不需要给出误差时,可直接采用测量数据的算术平均值 $\bar{x}$ 来表示测量值的真值,即

$$\mu = \bar{x} \tag{1-16}$$

在工程测量中,有时需要指出最大可能误差。这时,测量值可表达为

$$\mu = \overline{x} \pm 3\sigma_x = \overline{x} \pm 3\left(\frac{\sigma}{\sqrt{n}}\right) \tag{1-17}$$

当需要给出其他误差值时,可采用其他相应的公式。如果是间接测量,则测量结果的表达要复杂些,首先要按照所确定的函数关系求出间接测量的精密度参数。这里有两种途径可循。

1. 依照直接测量参数的误差求间接测量值的误差

若各直接测量参数的误差为 $x_1, x_2, \cdots, x_n$,而间接测量值的误差为 y,则两者之间的关系式可按泰勒级数展开,在略去高阶项后,可得

$$\Delta y = \frac{\partial f}{\partial x_1}\Delta x_1 + \frac{\partial f}{\partial x_2}\Delta x_2 + \cdots + \frac{\partial f}{\partial x_n}\Delta x_n \tag{1-18}$$

间接测量值的标准差可按下式计算:

$$\sigma_y = \sqrt{\frac{\sum_{i=1}^{k}(\Delta y_i)^2}{k-1}} \tag{1-19}$$

将式(1-18)代入式(1-19),经过展开,并考虑到各直接测量参数的标准差 σ_n 的平方为

$$\frac{\sum_{i=1}^{k}(\Delta x_n)_i^2}{k-1}$$

最终可得

$$\sigma_y = \sqrt{\left(\frac{\partial f}{\partial x_1}\right)^2\sigma_1^2 + \left(\frac{\partial f}{\partial x_2}\right)^2\sigma_2^2 + \cdots + \left(\frac{\partial f}{\partial x_n}\right)^2\sigma_n^2} \tag{1-20}$$

2. 规定间接测量误差求直接测量参数的允许值

假定各个直接测量参数的误差对间接测量的影响是相同的,则

$$\left(\frac{\partial f}{\partial x_1}\right)^2\sigma_1^2 + \left(\frac{\partial f}{\partial x_2}\right)^2\sigma_2^2 + \cdots + \left(\frac{\partial f}{\partial x_n}\right)^2\sigma_n^2 = \left(\frac{\partial f}{\partial x}\right)^2\sigma_x^2$$

这时,间接测量的标准差将为

$$\sigma_y = \sqrt{n\left(\frac{\partial f}{\partial x_i}\right)^2\sigma_i^2} = \sqrt{n}\,\frac{\partial f}{\partial x_i}\sigma_{x_1} \tag{1-21}$$

从式(1-21)可以得到以给定的间接测量误差 σ_y 表示的 n 个直接测量参数标准差的计算公式为

$$\begin{cases} \sigma_{x_1} = \dfrac{\sigma_y}{\sqrt{n}\,\dfrac{\partial f}{\partial x_1}} \\ \sigma_{x_2} = \dfrac{\sigma_y}{\sqrt{n}\,\dfrac{\partial f}{\partial x_2}} \\ \cdots \\ \sigma_{x_n} = \dfrac{\sigma_y}{\sqrt{n}\,\dfrac{\partial f}{\partial x_n}} \end{cases} \tag{1-22}$$

二、测量结果的处理方法

测量结果的处理方法通常有如下几种。

1. 列表法

在记录和处理数据时,为了简单而明确地表示出有关物理量之间的对应关系,将数据填写在适当的表格内,称为列表法。列成表格不但可以减少或避免错误,便于发现问题和分析问题,而且有助于找出各物理量之间的变化规律。

表格要求简单明了,用符号标明各物理量并写明单位,所列数据要符合有效数字的有关规定。为了养成良好习惯,减少差错,每次实验前,都应该根据实验要求,设计画好所用的空白表格,以备在实验中记录数据。

2. 作图法

作图法是一种广泛用来处理实验数据的方法。它通过作实验曲线,把测量结果直观地表现出来。

1) 作图法的作用与优点

(1) 作图法可以研究物理量之间的变化规律,找出相互对应的函数关系,验证理论并有可能求出经验公式。

(2) 用作图法可以简便地从图线中求出某些物理量,例如,所作直线的斜率和截距可能就是要求的物理量,或者乘以一个已知量就得到要求的物理量。

(3) 在曲线上,可以直接读出没有进行观测的对应物理量的值(内插法),也可以从图线的延伸线上读到原测量数据范围以外的点(外推法)。

(4) 所作曲线还可以帮助发现实验中个别的测量错误,并可对系统误差进行初步分析,从而校准仪器。

(5) 可把某些复杂函数关系通过变量置换法用直线来表示。例如 $pV = $ 恒量,若将 p—V 曲线改为 p—$1/V$ 曲线,就把曲线变为直线了。

2) 作图法的局限性

(1) 由于受图纸大小的限制,点所代表的数据一般只有三四位有效数字。
(2) 图纸本身的均匀、准确程度有限。
(3) 在图纸上连线时有相当大的主观任意性。
(4) 它不是建立在严格统计理论基础上的数据处理方法。

3) 作图规则

(1) 坐标纸种类与大小的选择。根据情况选用直角坐标纸、半对数坐标纸和对数坐标纸等。坐标纸的大小和坐标轴的比例,应根据测量数据的大小、有效数值和结果的需要来定。

(2) 坐标轴的比例和标度。适当选取横轴和纵轴的比例及坐标的起点,使曲线比较对称地充满整个图纸,不偏于一角或一边。标度时要做到:

① 轴上最小格对应数据中准确数字的最后一位,即要保证图上实验点的坐标读数的有效数字不少于实验数据的有效数字位数。

② 轴的标度应划分得当,以便不用计算就能直接读出图线上每一点的坐标。因此,通常每

格代表 1、2、5,而不选用 3、7、9。

③横轴和纵轴的标度可以不同,两轴的交点可以不为零而取比数据中最小值稍小些的整数,以便调整图纸的大小和图线的位置。

(3)画出坐标轴的方向,标明其所代表的物理量及单位。在轴上每隔一定间距标明该物理量的数值。在图纸下方和图线上方的空白位置处写上图名。图名若以物理量符号表示,应把纵轴符号写在前,如 p—V 曲线。

(4)曲线的标点。用"+"标出各点的坐标,当在同一张纸上画出不止一条曲线时,每条曲线的数据点应采用不同的标记,可分别用"+""×""○"和"▲"等加以区别。

(5)用直尺或曲线板等连线。根据不同情况,把数据点连成直线或光滑曲线,曲线不一定要通过所有的点,而要求曲线两例的偏差点较均匀分布。校准曲线要通过各校准点,连成折线。

3. 逐差法

逐差法是实验数据处理的一种基本方法,其实质就是充分利用实验所得的数据,减少随机误差,具有对数据取平均的效果。因为对有些实验数据,例如,对弹性模量实验的标尺读数 n_i,若简单地取各次测量的平均值,中间各测量值将全部消掉,只剩始末两个读数,实际等于单次测量。为了保持多次测量的优越性,一般对这种自变量等间隔连续变化的情况,常把数据分成两组,两组逐次求差再算这个差的平均值。

4. 最小二乘法

最小二乘法的原理简单地说就是:被测量的最佳值是这样一个值,它与各次测量值之差的平方和最小。采用最小二乘法可以从一组等精度的测量值中确定最佳值,也可以找出一条最合适的曲线使它能最好地拟合各测量值。

第三节　动态测试数据的处理

动态测试的测量值是随时间和空间变化的物理量。仪器信号的输入量和测试结果也随时间而变,因此,在实验测量值中包含着被测物理量、测量仪器和外界环境干扰等多方面的信息。要使实验结果能正确地反映客观规律,就必须正确地分析和处理动态测试数据。为此,首先要完成下述数据处理的准备工作。

一、数据获取

被测物理量的信号经过传感器后转换成便于测试的机械量或电量,也可以把它们直接输入计算机中去进行实时分析。

二、数据准备

(1)通过直观或仪器检查记录结果,剔除掉其中的粗大误差值,在动态计算中还需去除因严重的噪声、信号丢失、传感器失灵等造成的错误测量值,去掉过高或过低的数据记录。

(2)要把记录的电信号单位转换成测量值的工程单位,建立两者之间的正确关系。

(3)进行模数(A/D)转换,把模拟量转换为数字量,并将动态测试得到的连续时间历程经过数字处理变换成离散的数字序列。测试结果数字化的过程包括采样和量化两个步骤。采样间隔 A 必须满足采样定理多个连续的单值的模拟波形,若它的最高频率分量为 f_m,则按每隔 $1/(2f_m)_s$ 进行采样,该波形就可以完全被确定。在采样过程中,当采样周期 $t_s < 1/(2f_m)$ 或采样频率 $f_s \geq 2f_m$ 时,采样定理成立,一般取 $f_s = (2.5 \sim 3.5)f_m$。若采样频率过高,采样点沿横轴彼此离得太近,会产生相关和大量多余数据,增加不必要的计算;若采样频率过低,又会使采样离得太远,引起低频和高频叠混,不能正确反映原信号,在模数转换中成为一个误差源。动态测试结果经过采样后,需要量化。将采样信号按一定量化间隔等级取值,如图 1-4 所示,每等级之差为 q,按数据舍入规则,凡进入某一级上面 q/2 到下面 q/2 范围内的采样信号,一律列入该量化间隔的等级数。因数据舍入的处理,在量化过程中带进了量化噪声,它具有以下 3 个特点:

①在信号还原时不能消除。

②量化误差在 $\pm q/2$ 范围内变化,具有均匀概率分布。

③信号小时,噪声影响大,信噪比小;反之,则信噪比大。

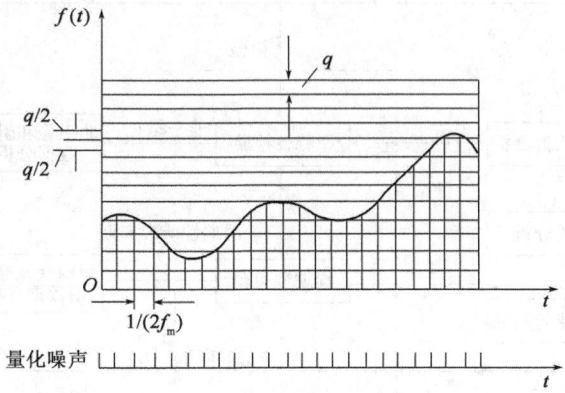

图 1-4 采样信号量化间隔等级取值

数据的预处理工作,除了采样和量化外,还需把数据变为能被计算机操作系统接受的数据形式,并去掉数据中因电平漂移或非平稳趋势等项所产生的误差。

三、数据性质检验

数据经过预处理后,还需检验随机数据的处理分析是否正确,通常做如下一些检验。

1. 平稳性检验

(1)研究产生此随机数据的现象和物理特性。如果产生此物理现象的基本因素不随时间变化,则可认为数据是平稳的。

(2)直接观察动态测试记录上的波形。如果波形的平均值波动不大,波峰和波谷变化均匀,且频率结构比较一致,则可认为是平稳随机过程。

(3)把样本记录分成 8 个等时间间隔的独立区间,对每个子区间计算均方值,得均方值的时间序列为 $\sigma_{x_1}^2, \sigma_{x_2}^2, \cdots, \sigma_{x_n}^2$。检验此序列是否有采样误差以外的变化趋势,如果无明显变动,则认为是平稳数据。

2. 周期性检验

观察数据的概率谱密度函数,若存在频率为 ω_0 的,在 $\omega=\omega_0$ 处出现一个 δ 函数,或在混有随机数据的概率谱上出现一个尖峰,由此判断周期性数据的存在。观察幅值概率分布密度曲线,具有正态特性的随机数据的概率分布密度曲线是高斯曲线,而正弦波的概率分布密度曲线是盆形曲线,由此可以判断是否有周期性数据。观察自相关图,平稳过程中若含有周期性成分,则其自相关数中也含有周期成分,且当 $t\to\infty$ 时,自相关函数仍保持一定数值。

3. 正态性检验

把测量数据的概率密度函数与正态分布相比较,看两者是否相符。这种检验方法对很长的样本记录是适合的,但对于小样本记录,则需通过统计假设检验方法来判断。

四、数据分析

实验中获得的测试数据,经过预处理和数据性质检验,就可进行特征量的计算分析。图 1-5 给出了单个样本记录的数据分析框图。

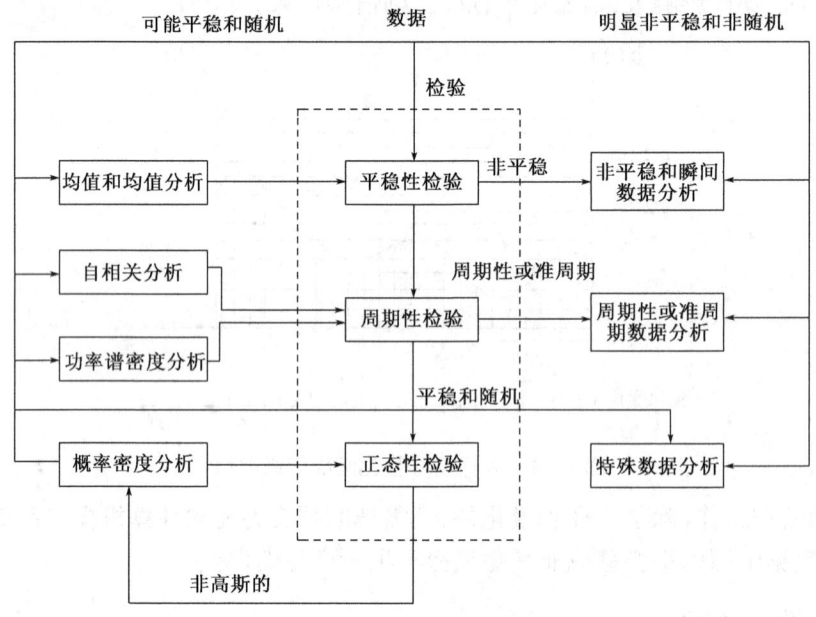

图 1-5 单个样本记录的数据分析框图

 第二章　流体与热工实验参数测量方法

第一节　流　动　显　示

对空气和水等流体的流动来说,不采用一些特殊的方法即可用肉眼直接观察到,而这种对流动的直接观察对于研究流体的运动又是十分必要的。因此,使流动变成肉眼可见的流动显示技术一直受到流体实验工作者的重视,并且不断发展出新的方法,这种技术也常称为流动可视化技术。

流动显示技术除了能进行一些定性的演示外,还是发现新的流动现象,建立和改进理论模型的重要手段之一;随着电子、光学技术的发展以及电子计算机的广泛应用,还可以对所得的流动图像进行分析,算出定量的数据,并有可能得到整个流场的信息。流动显示的方法很多,本节仅简单介绍一些常用的方法。

一、烟线法

在空气流中,引入一点烟,由肉眼可见的烟流可以观察到空气流的图案,这就是烟线法,它是常用的流动显示技术之一。在恒定流动中,流线与迹线相重合,因而气流中烟流的迹线就代表了气流的流线。

二、染色法

很早以前,一些著名的科学家就利用这个方法来显示流场,例如著名的雷诺实验,就是用细针管在有流体流动的圆管中心注入染料,在仔细观察中发现圆管中的流动存在着层流和紊流这两种不同的流动状态。用注射针管把染料注入流场时,要注意尽量减小对流场的扰动,因此,染料流出针形管口的压力只能稍稍大于水流中的静压。

水中常用的染色剂有墨水、高锰酸钾等,最好是用色素和牛奶的混合物,因为牛奶的脂性可以延缓染色溶液向水中的扩散。另外,染色溶液应与水有相同的密度,要做到这点,可将所配制的染料和适量的酒精混合起来,就能达到所要求的密度。

三、悬浮法

将重量较轻的小纸片或小软木块、小泡沫塑料块、蜡块等放在水流中,因其密度小于水,故可随水漂浮。如果每经过一定时间间隔,连续测记它们的位置或拍摄它们的轨迹,这样即可算出浮子所经过的测点水流流速。若欲测水流内部各点的流速,则可在水中放入相对密度为1.0 的带色小液滴(当水流速度较慢时)或固体颗粒(当水流速度较快时),从水流侧面(二维

玻璃水槽情况)或底面(通过透明的玻璃底板)进行摄影,然后对底片进行分析,即可得出流场内的流速分布。

当水流速度较慢时(例如在10cm/s以下),小液滴可用相对密度约为1.6的四氯化碳、相对密度约为1.1的氯苯、相对密度约为0.87的甲苯、相对密度约为0.87的二甲苯以及相对密度约为0.88的苯等,适量混合后再加入染色剂(白漆或重铬酸钾)配制而成。在滴入水中时,要使用特制的注入器,以使滴径不大于1mm。当水流速度较快时(例如在10cm/s以上),则可采用相对密度为1.0的固体颗粒,可用沥青加入适量松香石蜡加热混合制成,粒子直径也要小于1mm;还可以采用经过处理的相对密度等于1.0的聚苯乙烯微粒(直径为0.1~1.0mm)或很细的铝粉作为粒子,以显示水流的运动情况。

四、氢气泡法

氢气泡法是20世纪60年代初出现的一种流动显示技术,适用于低速水流的流动观察(速度小于30cm/s)。这种方法近年来应用得很多,在应用过程中观察到许多很有价值的流动现象,在紊流基础理论实验研究中有着广泛的应用。

氢气泡法利用水电解后产生氢分子和氧分子的原理。在实验水流中放一根与流动方向垂直的金属细丝。金属细丝一般应采用抗氧化性能较好的铂丝,铂丝的直径仅为 $1 \sim 20 \mu m$,铂丝产生的氢泡直径较小,这样可减小气泡的浮升速度,改善跟踪性。如图2-1所示,以金属细丝为阴极,在水流的下游放金属片作为阳极,当在两板之间施加电压时,在阴极上就会产生大量的氢气泡,氢气泡跟随水流向下游流去,跟踪它们的踪迹就可以观察到水流的流动状态。

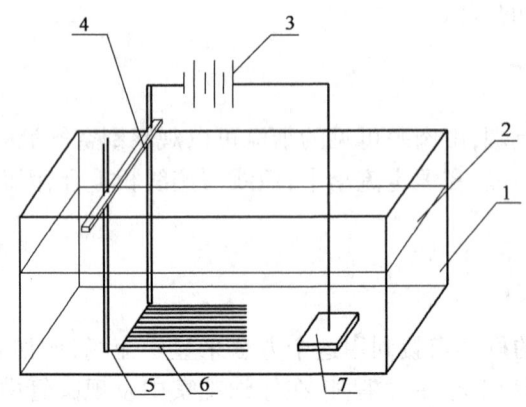

图2-1 氢气泡法装置示意图
1—水槽;2—水面;3—电源;4—支架;5—阴极线(铂丝);6—流线;7—阳极板

在两极之间施加电压的方式有两种:一种是连续式,即加一恒定的直流电压,一般电压调节在50~220V;另一种是脉冲式的,所加的脉冲电压频率 f 和脉冲宽度 T_s 都是可调的。在脉冲电压的作用下,沿着阴极线产生一条氢气泡条带随着流动向下游流去,于是,在水流中形成若干相继的氢气泡粒子带。氢气泡粒子带随当地的流速面发生变形,从而反映了当地的速度剖面。

对于恒定流动,只要拍摄一张照片,就能反映整个流场的速度分布(包括速度的大小和方向),用已知的氢气泡脉冲发生的间隔(即 $1/f$)去除所测量到的氢气泡带位移 Δx 就可得到速度值的大小。应用图像识别和计算机等手段还可对复杂的流动作出分析和计算。

第二节 压力的测量

在流体力学和热力学中,压力是描述流体状态及其运动的主要参数之一。通过压力的测量,可以得到流动的速度、流量以及许多力学量。所以,压力的测量是流体与热工实验中最基本的测量。由于测量压力的探头不可能做得无限小,因此用它测到的只是空间微小面积上的平均压力。

一、压力的单位

单位面积上所受到的垂直作用力为压力。设 ΔS 为流体中一个任意小的面积,ΔP 为与 ΔS 相邻的流体微团作用在该微元面积上的力,当 ΔS 无限缩小并趋近于一点时,其上的压力 p 为

$$p = \lim_{\Delta S \to 0} \frac{\Delta P}{\Delta S} \tag{2-1}$$

根据压力的定义可知,压力是由作用力和作用面积决定的。因此,在任何一种单位制中,压力是一个导出单位。力的单位结合面积单位,就可以导出相应的压力单位。

(1)在国际单位制(SI)中,力的单位是牛顿(N),面积单位是平方米(m^2),因此,压力单位是牛顿每平方米(N/m^2),即帕斯卡(Pa),这个单位是国际单位制中的压力单位。

(2)在厘米克秒制(CGS 制)中,力的单位是达因(dyn),面积单位是平方厘米(cm^2),压力单位是达因每平方厘米(dyn/cm^2),这个单位称为微巴。

(3)在米千克秒制(MKS 制)中,力的单位是千克力(kgf),面积单位是平方米(m^2),因此,压力单位是千克力每平方米(kgf/m^2)。

(4)在英制中,压力单位有磅达每平方英尺(pdl/ft^2)、磅力每平方英寸(lbf/in^2)、英尺水柱($ft\ H_2O$)和英寸汞柱($in\ Hg$)等。

除以上几种压力单位外,在科学技术和工业上很久以来就采用并保持了一系列实用压力单位,因为这些单位概念明显、简单、容易机械复制和直接运用在许多压力测量仪器中。现介绍几种主要的压力单位。

(1)千克力每平方厘米(kgf/cm^2),它的定义是 1kgf 垂直作用在 $1cm^2$ 的单位面积上所产生的压力,千克力每平方厘米与工程大气压(符号为 at)是相等的两个压力单位,它们是过去用得最多的一种压力单位。

(2)毫米水柱(mm H_2O),它的定义是当纯水温度为 4℃、密度值为 1000kg/m^3、重力加速度为 9.80665m^2/s 的条件下,水柱高度(mm)所表示的压力量值。1mm H_2O = 9.81Pa。

(3)毫米汞柱(mm Hg),它的定义是汞在 0℃、密度值为 13595.1kg/m^3、重力加速度为 9.80665m^2/s 的条件下,汞柱高度(mm)所表示的压力。

(4)标准大气压(符号为 atm),又称物理大气压,1954 年第 10 届国际计量大会定义为 1atm = 1013250dyn/cm^2,即 1atm = 101325Pa。

(5)托(Torr),是以 1 物理大气压的 1/760 所表示的压力,即 1Torr = 101325/760Pa = 133.3224Pa。

(6)巴(bar),是以百万微巴表示的压力量值,即 1bar = 1×10^6 dyn/cm^2 = 1×10^5 Pa。

二、压力的计量标准

压力的大小从不同基准算起,可以有两种计量标准:绝对压力和相对压力。绝对压力是以完全真空为基准计量的压力,以符号 p_{abs} 表示;相对压力是以当地大气压 p_a 为基准计量的压力,以符号 p 表示。

工程上的测压仪表在当地大气压下的读数为零,即相对压力。因此相对压力也称为计示压力或表压力。绝对压力、相对压力与大气压的关系定义为

$$p = p_{abs} - p_a \tag{2-2}$$

如果某点的绝对压力的数值比当地大气压低,则其相对压力将是负值。这时的相对压力称为真空度,即绝对压力小于一个大气压的受压状态,以符号 p_v 表示:

$$p_v = p_a - p_{abs} \tag{2-3}$$

可用图 2-2 表示绝对压力、相对压力与真空度之间的关系。从图中可以清楚看出,绝对压力的基准和相对压力的基准相差一个当地大气压 p_a。绝对压力永为正值,最小为零。而相对压力的数值是可正可负的,当绝对压力小于大气压时,相对压力为负值。所以,相对压力和真空度是数值相等、符号相反的两个量。

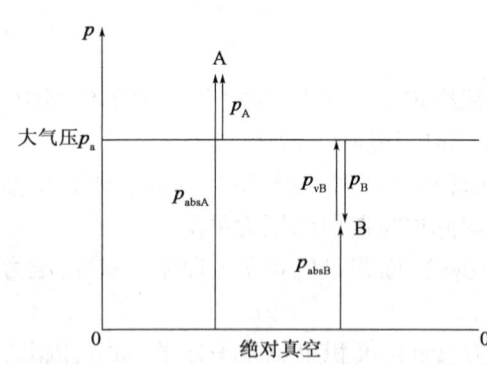

图 2-2 绝对压力、相对压力与真空度的关系

三、测压计

在流体与热工实验中经常需要直接测量某点压力或两点压差。例如,为了保证泵正常运转,在泵的进口和出口分别装上真空表和压力表,以便随时观测压力大小来控制泵的工作。测量压力的仪器一般有液柱式测压计、金属测压计和压力传感器三大类。

1.液柱式测压计

液柱式测压计是根据流体静力学原理设计出的测压仪表,构造简单,方便可靠,在实验室中得到广泛使用。根据结构形式和所测范围可将液柱式测压计分为以下几种。

1)测压管

如图 2-3 所示,用一根玻璃管即可制作一个简单的测压管,其一端连接在容器壁上需测量压力处,另一端开口和大气相通。管内的液体受容器内流体静压作用,使测压管内的液体上升至某一高度,这个液柱高度就表示容器中测点处的相对压力。

它只能测量较小的表压力,当测点压力较大时(高于 2m H$_2$O),柱高过大,有所不便,这时可改为 U 形水银测压计(图 2-4)。U 形水银测压计的构造是在 U 形玻璃管底部盛以水银(或其他密度较大而又不会与被测液体混合的液体)。U 形管的一端与测点连接,另一端开口与大气相通。由于测点压力的作用,使右管中的水银柱面较之左管的水银柱面高出 h_2。根据

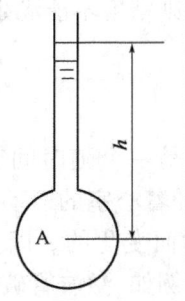 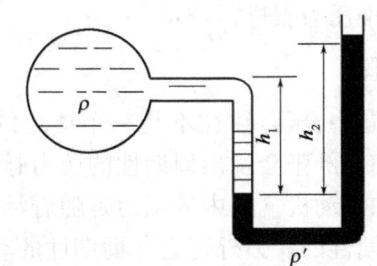

图2-3 测压管　　　图2-4 U形水银测压计

静力学基本方程,设被测液体的密度为 ρ,水银的密度为 ρ',则对于U形管中的等压面,有如下平衡条件:左侧压力为 $p+\rho g h_1$;右侧压力为 $\rho' g h_2$。由此,有

$$p = \rho' g h_2 - \rho g h_1 \qquad (2-4)$$

测量出 h_1 和 h_2 两个高度后,就可根据式(2-4)计算出被测流体压力的大小。

U形水银测压计的测量范围可以达到1~2个大气压。当所测表压力更大时,可以使用连续组合的U形管,称为组合水银测压计。需要指出的是,用测压管测量液体压力时,若观测精度要求高,或所用测压管较细,必须考虑毛细管作用的影响。

2) 比压计

比压计是用于测量两点压力差的仪器。它和U形水银测压计原理相同,只是将测压管两端接在不同的两个测点上。常用的比压计有空气比压计、水银比压计和斜管比压计。

图2-5所示的空气比压计,将两根测压管并排放在一起,分别接在管道的两个测压点上,顶部连通且封闭。设右管水银面高出左管 Δh,则对于U形管中的等压面,有如下平衡条件:左侧压力为 $p_1+\rho g\Delta h$,右侧压力为 $p_2+\rho' g\Delta h$,则1、2两点的压差为

$$\Delta p = p_1 - p_2 = (\rho' - \rho) g \Delta h \qquad (2-5)$$

在这种情况下,只需测读水银柱面的高度差 Δh,即可得到1、2两点的压力差。

2. 金属测压计

金属测压计是工程上常用的压力测量仪表,一般用于测量较高的压强,既可用于测量真空度,也可用于测量高压,可高达1000MPa。如图2-6所示,它的主要感应元件是用一根扁圆形或椭圆形截面的圆弧形弹性管,受压时产生弹性变形,再通过杠杆与扇形齿轮机构带动指针偏转,指示出压强的大小。

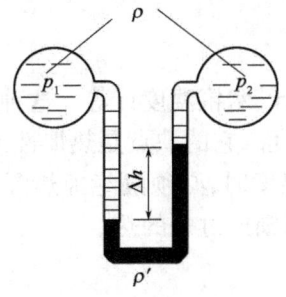 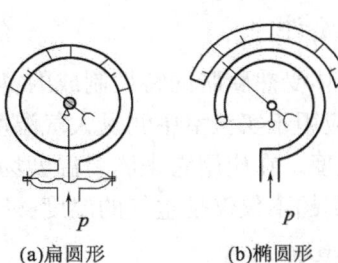

(a)扁圆形　　(b)椭圆形

图2-5 空气比压计　　　图2-6 金属测压计

金属测压计体积小，安装方便，但制作工艺要求较高，否则精度不能满足要求。使用前，常需要特别精密的标准压力表进行校正。

3. 压力传感器

在许多实际问题中，压力往往不是一个恒定的数值，它是一个随时间变化而变化的动态量，例如心脏的收缩与舒张会发出周期性的压力脉搏波，即随着心室的运动在不同的瞬间有不同的压力数值；又如发动机气缸内的压力是随着活塞的运动而变化的。以上两例中的压力随时间的变化都是周期性的。另外还有非周期性的动态压力，例如，激波管破膜后产生的压力阶跃、压力比在管道内传输时的反射，而发动机喘振后产生的压力脉动更是一种随机的动态压力。要测量这些随时间而变化的压力，就不能用以上介绍的那几种压力计了，而必须采用压力传感器把压力信号转换成电信号后，才能测量这种动态压力。即使在恒定流实验中，要实现实验数据采集的自动化，也需要使用压力传感器把非电量转化成电量。

多数压力传感器采用弹性元件(弹性膜片、薄壁圆筒等)来感受压力。把压力转换成电信号的方式很多，可以按照需要和可能来加以选择。电信号经放大器放大后输入显示器(示波器)或记录系统(光线示波器、磁带记录仪、记忆示波器等)，将波形显示或记录下来，以便进行分析处理，或者通过 A/D 转换把信号转换成数字量输入到计算机进行处理，直接得到所需要的结果。如果配以压力扫描，还可以对多点压力进行自动巡回检测。图 2-7 为压力传感器的典型结构。

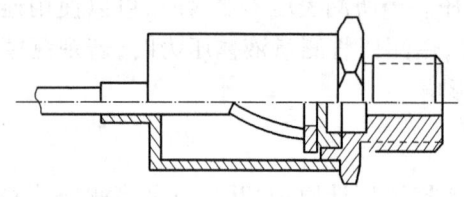

图 2-7 压力传感器的典型结构

第三节 温度的测量

一、温度测量的重要性

在流体与热工实验中，介质的温度也是个很重要的物理参数。例如，流体的黏度、热导率、声速等都取决于温度。如果要做通风对流实验，温度场的测量更是不可缺少的，特别在自然对流实验中，温度场往往提供了关于流动结构的主要资料。

二、实验室常用的温度计

1. 液体温度计

它是利用液体受热膨胀的特性制成的，如酒精温度计、水银温度计等。这种温度计具有精度高的优点，常应用于实验室中测量大气温度和水的温度。它的缺点是热惯性大，不能用来测量波动起伏的温度。在应用它来测量温度场中空气的温度时，必须隔绝掉热源对它发出的辐射热，否则感受到的不仅仅是空气的温度，还包括了热源辐射过来的热。

2. 热电偶温度计

热电偶温度计是利用温差热电偶效应来测量温度的，将两种不同材料的导体的两端分别连在一起,形成回路,如果两接点有温度差,则在回路中会产生电动势,电动势的大小就反映了温度的高低。经常使用的热电偶的类型有铜—康铜丝、铬镍合金—铝镍合金或铂—铂铬合金等热电偶,在回路中接入毫伏计或直流电位差计用来测量电压的微小变化。这种温度计具有量程宽、易校准的特点。

3. 半导体温度计

根据半导体材料的性质知道,当温度增加时,半导体的电阻就会减少,半导体温度计就是利用半导体的这一温度效应来测量温度的。这是一种体积小、灵敏度高的测温元件,把这种元件接到电桥的一臂,再通过直流放大器进行放大,就可进行温度的测量。

4. 电阻温度计

电阻温度计是利用金属导体的电阻值随温度而变化的特性来测量温度的,成型产品有热敏电阻温度计、薄膜铂电阻温度计、厚膜铂电阻温度计、丝绕铂电阻温度计等。热线探头也是一种极好的测量动态温度的元件。由电源供给探头只有几微安级的电流,由于电流极微弱,所以此时探头的电阻丝温度极低,叫作冷线。探头的镀铂钨丝对温度的灵敏度远大于对流体速度的灵敏度,在配上适当的电子线路后,就可以用来检测温度的变化。在使用前,必须对探头进行细致的标定。

5. 非接触式温度计

非接触式温度计有光学高温计、光电高温计、辐射温度计、比色温度计等。辐射温度计测量范围可达 700~2000℃。非接触式温度计固定安装,适用于连续测量的场合,也适用于不宜安装热电偶的场合。便携式红外辐射温度计可随身携带,对各种运动物体进行温度测量。

第四节 流速的测量

流速是描述流体运动的重要参数。由于速度是矢量,因此速度的测量应包括大小和方向。在恒定流动情况下,流速的时间平均值虽不随时间变化,但是流速的瞬时值及其瞬时方向则是随时间变化的。在非恒定流动情况下,流速大小的时间平均值和方向也是随时间变化的。要测定流速,最基本的是测量其瞬时值及方向。用仪器或计算方法将一定时间内的瞬时值平均后,即可求得流速的时间平均值及其方向。流速的测量方法很多,本节将简要讨论几种方法。

一、动压强法

1. 毕托管法

毕托管是实验室内测量流速常用的仪器。这种仪器是1730年由亨利、毕托首创,后经200多年来各方面的改造,目前已有几十种。毕托管测速的基本理论是根据能量守恒定律,对理想、恒定流动,不可压且可以不计流体重力的流动中,沿流线成立的伯努利方程为

$$p = p_0 + \frac{\rho u_0^2}{2} \tag{2-6}$$

根据式(2-6),如能测出驻点动压强 p,并测出流线上来流前的静压强 p_0,则利用二者的差即可求得流速 u_0 值的大小。

在圆头形的探头上,于驻点处打一个与边界正交的小孔,称动压孔,为了避免产生局部绕流,小孔的边缘要仔细加工。小孔与探头体内测压管相连,用此管测出动压强 p,在探头侧面测量压强 p_0 的小孔称静压孔,其位置应在均匀流区内,即在不受探头干扰的流场中。通过实验可找出某一恰当位置,其处压强大小正好等于 p_0,在该侧壁上开孔引出测压管就可测出 p_0 值,根据测出的 p 及 p_0 大小即可算出 u_0。图 2-8 为常用的普朗特毕托管的探头相对尺寸图。

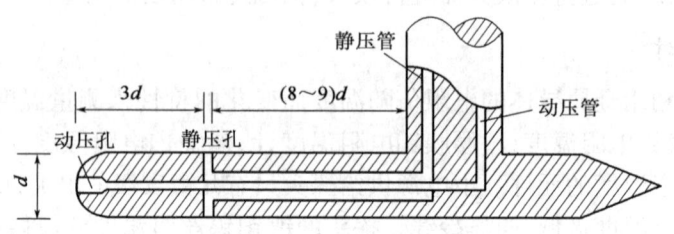

图 2-8 普朗特毕托管的探头相对尺寸图

一般情况下,可使

$$\Delta p = \frac{1}{C^2} \cdot \frac{\rho u_0^2}{2} \qquad (2-7)$$

则

$$u_0 = C\sqrt{2\frac{\Delta p}{\rho}} = C\sqrt{2g\Delta h} \qquad (2-8)$$

式中　$\Delta h = \dfrac{\Delta p}{\rho g}$——动压管和静压管的压头差;

C——毕托管修正系数,一般均需通过标定毕托管求得。

当雷诺数 $Re = 300 \sim 360000$ 时,正对流向的普朗特毕托管,其 $C = 1.0$。明流中,普朗特毕托管的测量范围一般约为 $0.15 \sim 2.0 \text{m/s}$,在有压管道中可用柱形普朗特毕托管进行测速,其最大测速限度可达 6m/s。

2. 多孔毕托球法

在三维流场中,常使用多孔毕托管(又称多孔毕托球)来同时测出水流的总压、静压,并算出流速的大小和定出流速的方向。通常,是将多孔毕托球(有三孔式和五孔式)的探头伸入水中测点处,使其绕本身的轴线(支杆)转动,直到由探头左右两侧孔所指示的压强相等为止,这时探头的轴线就与水流的方向一致了。若是五孔探头,则还需使上下两孔的压强相等。此法又称"对向测量法"。也可以不对准流向进行测量,再根据两对称测孔上的压强差由探头率定曲线来确定水流速度的大小及方向。

下面简略介绍五孔毕托球(也称五孔球形探针)的测速原理,其结构如图 2-9 所示。球头直径为 5~10mm,具体尺寸可根据待测流场的尺寸来选定;球面上开五个直径为0.5mm的测压孔,1、2、3 号三个孔在探针的纵剖面上,4、5 号两个孔位于与探针轴心线垂直的平面上。1 号孔在球头端部,其他四个孔分别与中心孔 1 互成45°。每个测压孔分别用探针体内不锈钢管相通,探针末端通过压力接头和乳胶管分别与微压计相连,如图 2-10 所示。

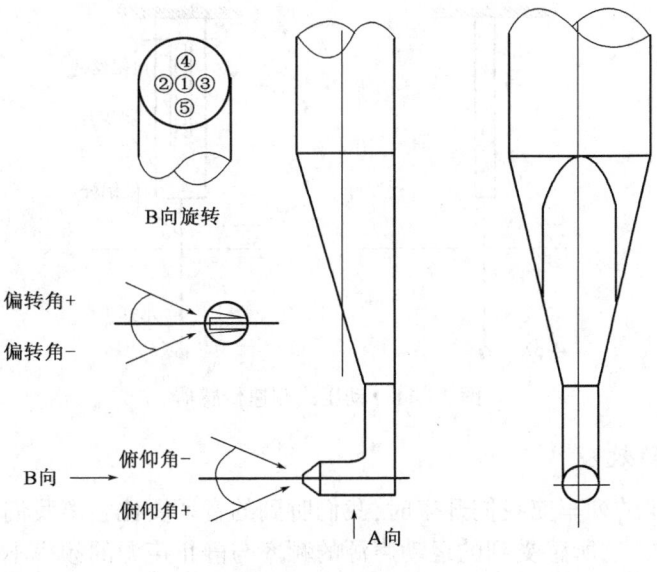

图 2-9 五孔毕托球

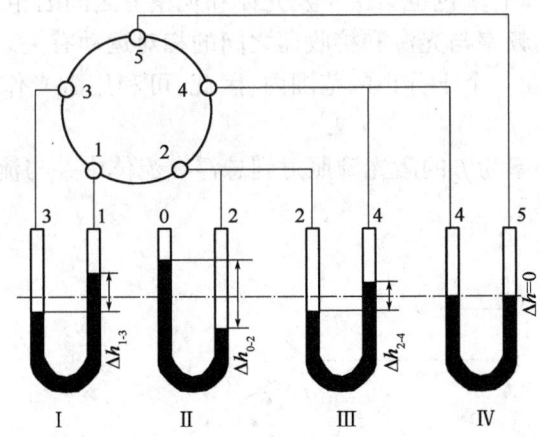

图 2-10 五孔毕托球与压差计连接系统图

当探针伸到流场中后,绕支柄轴心线转动探针,使 4、5 号孔连接的差压计中水面相等,即 $\Delta h = 0$,这时 $p_4 = p_5$,表明经过调整后,使来流方向处在 1、2、3 号孔所在的平面内,而与 4、5 号两孔对称。利用探针尾端的方向刻度盘即可确定来流方向与水平面(或垂直面)的夹角。

3. 动压法

在流动的水中放置一个有弹性的金属杆,水流作用于此金属杆上的力将与水流速度的平方成正比,设法测出金属杆的弹性形变大小,即可根据应力—应变关系求出水流速度的大小。

图 2-11 为一种动压式测流速的传感器原理图,金属杆的弹性形变是利用电阻应变片来测量的。用这种方法测量流速要事先经过率定(校准、标定)。

二、激光测速法

激光测速法是以激光器发出的光为光源,以光学多普勒效应为原理的测量随流运动质点速度的方法。

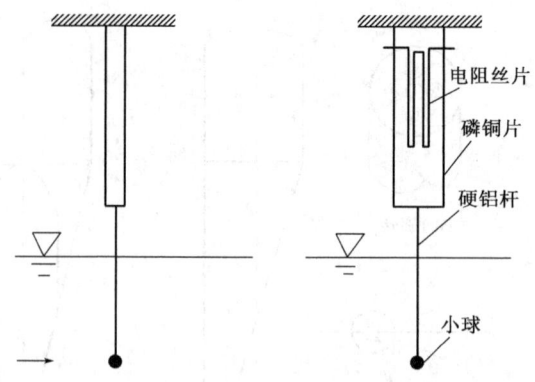

图 2 - 11　动压式测速传感器

1. 光学多普勒效应

当一列鸣着汽笛的列车向我们开来时,我们听到的音调要比它离我们而去时高,也就是对于固定的接收器来讲,它所感受到的运动声源的频率与静止声源的频率不一样,与声源和观察者之间的相对运动有关,这就是物理学上的多普勒效应。

多普勒又指出,发光体的颜色也会由于发光体和观察者之间的相对运动而发生变化,也就是说接收器接收到的光的频率与光源和接收器之间的相对运动有关。由于激光具有很好的单色性,使得其光谱频率限在一个十分小的范围内,因此,可利用激光作为光源来研究光学的多普勒效应。

设有一静止不动且频率为 f_0 的激光源照射到悬浮在流体中并与流体一起以速度 v 运动的微粒 P 上,如图 2 - 12 所示。

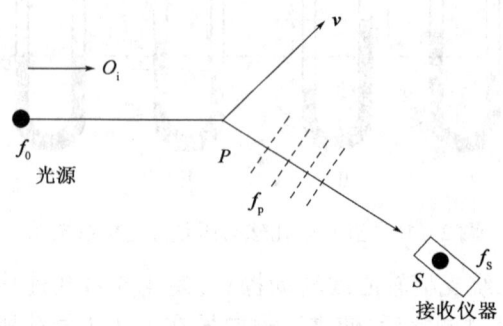

图 2 - 12　光学多普勒效应

由于光的多普勒效应,微粒 P 接收到的光的频率 f_p 与入射光的频率 f_0 不同,这时

$$f_p = f_0\left(1 - \frac{v \cdot e_i}{C}\right) \tag{2-9}$$

式中,C 为光在真空中的速度,激光照射到微粒 P 上后,又被微粒所散射,这样,微粒 P 就成为散射光的光源,它发出的光的频率为 f_p,位于某固定位置 S 处的接收器接收到微粒 P 发出的散射光,又由于粒子与接收器之间的相对运动,所以接收器接收到的光的频率 f_s 又不同于 f_p,即有

$$f_s = f_p\left(1 + \frac{v \cdot e_s}{C}\right) \tag{2-10}$$

把 f_p 代入上式,可得

$$f_s = f_0\left(1 - \frac{v \cdot e_i}{C}\right)\left(1 + \frac{v \cdot e_s}{C}\right) \tag{2-11}$$

由于 $v \ll C$,略去二阶小量得

$$f_s = f_0\left[1 - \frac{v \cdot (e_i - e_s)}{C}\right] \tag{2-12}$$

频率差为

$$f_D = f_0 - f_s = \frac{v \cdot (e_i - e_s)}{\lambda_0} \tag{2-13}$$

式中,λ_0 为光源的波长,取定激光器后,λ_0 是常数,例如,对于 He—Ne 激光器来说,λ_0 = 6328Å。另外,e_i 是入射光的单位向量,e_s 是散射光的单位向量。当光源"O"和接收器"S"的位置确定后,单位向量差 $(e_i - e_s)$ 是一个定值,所以流速 v 与激光多普勒的频本差 f_D 成正比。

2. 双光束前向型一维激光测速仪的光学原理

激光测速仪由光学系统和信号处理系统两大部分组成。它有多种形式,现以双光束前向接收型一维激光测速仪的光路系统为例说明其原理。如图 2-13 所示,一激光束经过一分光器分成两束平行光再经过透镜 L_1 聚焦到流场中某点 P。当流场有粒子流经 P 点时,两束光都被粒子所散射,散射光由光电倍增管所接收。显然,经过透镜 L_1 的两束非平行光线与粒子的运动速度方向之间的夹角是不同的,因此,这两束光具有不同的散射频率。

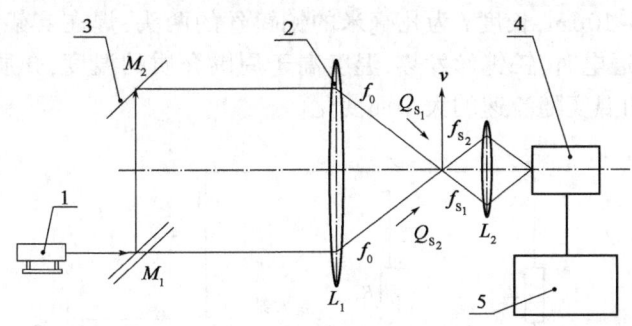

图 2-13 光路系统示意图

1—激光器;2—透镜;3—分光器;4—光电倍增器;5—处理系统

在一维流动中,速度的方向是已知的。如果把光源部分安排得使两光束的向量差与粒子的运动方向相同,那么根据向量的运算关系可得频率差为

$$f_D = f_{s_1} - f_{s_2} = \frac{1}{\lambda_0}[v \cdot (e_{s_2} - e_{s_1})] = \frac{1}{\lambda_0}\left(2v\sin\frac{\theta}{2}\right) \tag{2-14}$$

式中 f_D——两光束之间的多普勒频率差,Hz;

λ_0——激光光源波长,m;

θ——两光束之间的夹角(°)。

因此,求得

$$v = \frac{\lambda_0}{2\sin\frac{\theta}{2}}f_D = Kf_D \tag{2-15}$$

对于一定的激光测速仪,K 是常数,速度 v 的大小与频率差 f_D 呈线性关系,f_D 可以由信号

检测与处理系统来获得。

激光测速仪作为一种正在发展的现代测量仪器,具有以下优点:

(1)它是非接触式测量,对流场无任何干扰;

(2)动态响应好,可以测量脉动速度;

(3)测试结果相当精确;

(4)一个设计得很好的光路系统,可以在空间聚焦成一个极小的容积,目前这个容积比 $10^{-4} mm^3$ 还小,因此,可以进行边界层和极狭管道中的测量;

(5)测量的速度范围大,而且不需要进行校准,另外,用作二维流场测试的二维激光测速计也已发展得比较成熟。

当然,它也有一定的局限性,例如:

(1)流体要有一定的透光度,要有透明的观察窗;

(2)流体中要有悬浮微粒子,如果流体很纯净的话,还要人为加入一些粒子;

(3)由于测到的是粒子速度,所以粒子应有很好的跟随性。

三、热线流速仪法

热线(热膜)流速仪是流体力学实验中用来测量流体流动的某些特性的现代化仪器。它不仅可以用来测量流场中的流速、温度的时均值,还可以衡量它们的紊动随机特性。

1. 基本原理

将直径 d 只有 $5\sim 10\mu m$,长度 l 为几毫米的铂钨丝的两头,焊在支架上制作成热线探头,如图2-14所示。当通电时,铂钨丝发热,温度高于周围介质的温度,介质流过探头时带走一部分热量,于是热线的温度随流速的大小而变化。

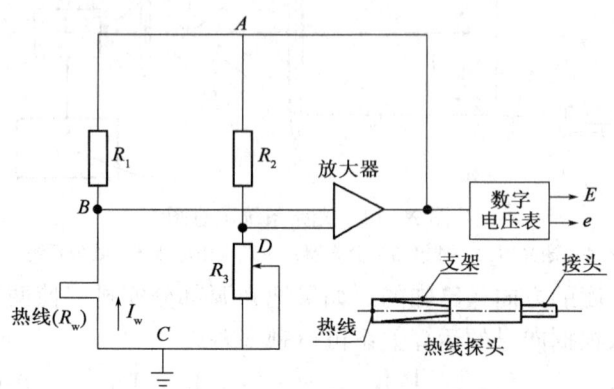

图 2-14 热线流速仪原理

除去极小的流速(即与由于温度差引起的自然对流流速相当的流速)外,可以认为热线的热损失主要是与强迫对流有关,也即损失的热量主要是被气流所带走。

King 研究了在强迫对流的情况下,流过无限长圆柱的热损失方程,这个方程用无量纲参数形式写出

$$Nu = A + B\sqrt{Re} \qquad (2-16)$$

一般来说,热线的长径比 l/d 超过200。因此可以应用式(2-16),式中的 Re 即为雷诺数,A、B 为校正常数,Nu 为努塞尔数,这里定义为

$$Nu = \frac{Q}{\pi \lambda l (Q_w - \theta)} \tag{2-17}$$

式中 λ——流体的热导率,W/(m·℃);

θ——温度,℃;

Q_w——热线探头的热量,W。

如写成有量纲形式,则为

$$Q = \pi \lambda l (Q_w - \theta)(A + B\sqrt{Re}) \tag{2-18}$$

对于已知的流体介质和探头,λ 和 l 都是常数,可以放到常数 A、B 中去,于是

$$Q = (Q_w - \theta)(A + B\sqrt{Re}) \tag{2-19}$$

电流通过探头所提供的热量为

$$Q_1 = I_w^2 R_w \tag{2-20}$$

式中 R_w——探头的电阻,Ω;

I_w——通过探头的电流,A。

根据热平衡原理,当达到平衡状态时,气流带走的热量应等于电流对金属丝所加的热量,即 $Q = Q_1$,于是有

$$I_w^2 R_w = (Q_w - \theta)(A + B\sqrt{Re}) \tag{2-21}$$

金属丝的电阻与温度之间有下列关系:

$$R_w = R_f [1 + \alpha_f (Q_w - Q_f)] \tag{2-22}$$

式中 α_f——热量为 Q_f 时热线材料的电阻温度系数,下标 f 表示属于流体介质的参数。

因此有

$$Q_w - Q_f = \frac{R_w - R_f}{\alpha_f R_f} \tag{2-23}$$

所以

$$\frac{I_w^2 R_w}{R_w - R_f} = \frac{1}{\alpha_f R_f}(A + B\sqrt{Re}) \tag{2-24}$$

同样,若给定探头和流体介质,则许多参数为常数可以归并到常数 A、B 中去,上式可变为

$$\frac{I_w^2 R_w}{R_w - R_f} = A + B v_\infty^{0.5} \tag{2-25}$$

式(2-25)就是热线风速仪测量风速的基本关系式。

当保持热线电阻 R_w 恒定时,电流 I_w 和风速 v_∞ 有一一对应的关系,这就是恒温式热线风速仪的测速原理,把上式化成电压 E 与风速 v_∞ 之间的关系式有

$$E^2 = A + B v_\infty^2 \tag{2-26}$$

随着流体力学研究领域的扩宽,所测流场边界条件与环境更趋复杂与多样化,热线探头已不能满足要求。因此自 20 世纪 60 年代以来,新型的热膜探头研制成功,并不断得到改善。热膜探头的衬底通常是石英或研硅玻璃,探头形状有圆柱形、楔形以及圆锥形等。热膜探头具有以下特点:

(1)频率响应不如热线探头宽,最高频响仅为 100kHz。

(2)工作温度较低,特别是在液体中测量时,只比环境温度高 20℃左右。

(3)受振动影响小,阻值大小可由镀层厚度来控制,容易和放大器做到阻抗匹配,信噪比较高;同时由于衬底的热传导性较小,所以热膜探头的热传导损失小,抗干扰能力强。

(4)热膜探头既可用于气体,也可用于液体。在液体中及高速流场中的使用价值比热线探头高得多。

(5)机械强度较高,但工艺复杂,制造困难,造价比热线探头也高。

四、图像处理测速技术

前述的激光测速仪和热线/热膜测速仅能测量出流场中某一侧点的瞬时紊动特征与紊动流速沿水深的分布等,但不能给出整个流场同一瞬时的流动状态。为获得整个流场的时均流态,早期发展了流场流动的可视化技术,该技术能提供整个流场的流动特征,但多限于自由水面或临壁剖面上的流态,而且精度不高,难以给出准确结果。

近年来,由于计算机技术的迅速发展,把高精度的定点测量结果与可视化技术结合起来,通过信息采集记录系统和信息分析与处理系统而发展成现代的图像处理测速系统(图2-15),已被广泛应用于国防气象通信及各类工程与生物医学等方面。

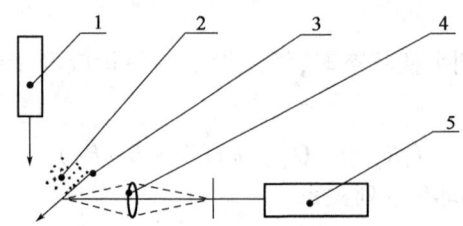

图2-15 图像处理测速系统示意图
1—光照系统;2—失踪粒子;3—流动系统;4—信息采集系统;5—信息分析与处理系统

图像处理信息的方法主要有两种:一是离线方式,即将流场特性进行连续拍照后,把照片输入计算机中进行分析处理;二是在线方式,就是将流场的随机特性通过摄像机直接送入图像板进行预处理,然后将预处理成果再输入计算机进行处理分析并打印出结果。目前已有专门进行高速信息预处理的图像板。

图像处理测速技术基本上有两种方法:一种是20世纪70年代发展起来的激光散斑法;另一种是20世纪80年代发展起来的轨迹法,可处理二维信号,这种技术是电视摄像光学技术和数学分析方法与计算机技术等相结合的多科性的综合高技术,它能给出同瞬间整个流场的紊流流速特征。

第五节 流量的测量

单位时间内流过管道或渠道某一截面的流体的量为流量。流量有体积流量 Q_V(单位 m³/s)和质量流量 Q_m(单位 kg/s),它们分别表示单位时间内流过流体的体积和质量,两者之间的关系为

$$Q_m = \rho Q_V \tag{2-27}$$

流量也可分为瞬时流量和平均流量,本节只讨论平均流量的测量问题。

一、称量法或容积法

称量法或容积法是最准确和最直接的方法,因此,不适宜当作流量仪表用,而常用于校准其他流量计或用于教学实验。

在一定的时间间隔 Δt 内采集一定量的流体,用磅秤称出它的总质量 m 或用量筒量出它的总体积 V,得到

$$Q_m = m/\Delta t$$
$$Q_V = V/\Delta t \tag{2-28}$$

二、文丘里流量计

文丘里流量计如图 2-16 所示,是利用压差来测量流量的流量计,由收缩段、喉道与扩散段三部分组成。流体流过收缩段时加速减压,使喉道处的静压小于上游进口截面的静压,流速越大,喉道与上游截面之间的静压差越大,静压差反映了管道内流量的大小。

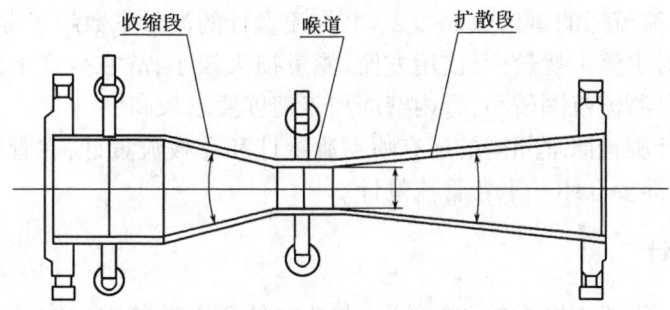

图 2-16 文丘里流量计结构示意图

在进口段规定位置处取静压 p_1,在喉道中间取静压 p_2。为了取得管道截面上的平均压力,应沿测试截面的圆周方向均匀地开若干个小孔,把这几点的压力并联在一起接到压力计上。为了使测量精确,在安装时,文丘里管上游 10 倍管径、下游 6 倍管径的距离以内均不得装有其他管件,以免水流与边界脱离产生旋涡而影响测量精度。喉道截面与管道截面之比 A_2/A_1 一般宜取 0.2~0.5。按照伯努利方程和连续性方程可以得到截面 A_2 和 A_1 之间参数的关系式为

$$p_1 + \frac{1}{2}\rho v_1^2 = p_2 + \frac{1}{2}\rho v_2^2$$
$$A_1 v_1 = A_2 v_2 \tag{2-29}$$

将这两式联立求解可得

$$v_2^2 = \frac{2(p_1 - p_2)}{\rho[1 - (A_2/A_1)^2]} \tag{2-30}$$

于是体积流量为

$$Q_V = v_2 A_2 = A_2 \sqrt{\frac{2(p_1 - p_2)}{\rho\left[1 - \left(\dfrac{A_2}{A_1}\right)^2\right]}} \tag{2-31}$$

若用水头高 $h = \dfrac{p}{\rho g}$ 来表示压力,这样便可直接利用压力计上的读数,于是

$$Q_V = A_2 \sqrt{\frac{2g(h_1 - h_2)}{1 - \left(\frac{d_2}{d_1}\right)^4}} \quad (2-32)$$

令 $K = A_2 \sqrt{\dfrac{2g}{1 - \left(\dfrac{d_2}{d_1}\right)^4}}$，并称 K 为流量计的几何参数，则有

$$Q_V = K\sqrt{h_1 - h_2} \quad (2-33)$$

上式的推导过程中，没有考虑两截面之间的能量损失，并且认为截面上各点的速度都是同一常值。因此，测得的流量值要比上式算得的结果要小，常常要在上式中乘上一个修正因子 C，所以

$$Q_V = CK\sqrt{h_1 - h_2} \quad (2-34)$$

C 叫流量计系数，由实验测定，可用称量法来校正。各个流量计的 C 值是稍有差别的，即使对同一流量计，流量不同时 C 值也是有差别的。通常 C 在 $0.92 \sim 0.99$，对 $d_2/d_1 = 0.5$ 的标准的文丘里管，若来流流速的雷诺数 $Re > 2 \times 10^5$，流量计的流量系数趋于常数 0.984。

由于文丘里管对水流干扰较少，使用方便，能量损失较小，故在生产上及实验室中得到广泛应用。它的缺点是测流范围较小，管内壁面加工精度要求较高。

与文丘里流量计测量原理相同的还有喷嘴流量计和孔板流量计，在管道中测量流量的还有弯管流量计，下面简要介绍一下弯管流量计。

三、弯管流量计

弯管流量计利用管路中原有的 $90°$ 弯头，在其内外侧管壁的中央安装恒压孔来测量管道流量。其原理是基于弯管流线成曲线运动，产生离心力，使弯管内侧流速大而压强变小，弯管外侧流速小而压强增大，利用弯管内外侧的压强水头差 Δh 与流量的关系来测量流量，公式为

$$Q = \eta A \sqrt{2g\Delta h} \quad (2-35)$$

其中
$$\eta = f(2D/r)$$

式中，D 为管道直径，A 为管道断面积，r 为弯管中心线的曲率半径，如图 2-17 所示。

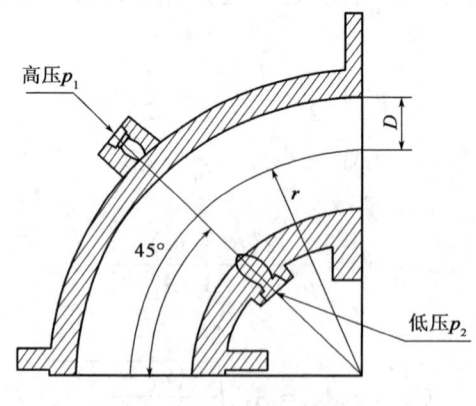

图 2-17 弯管流量计

弯管流量计因使用管路中的 $90°$ 弯头，简单易行，又很经济；尤其适用于封闭管路循环系统，如减压箱和水洞等设备；弯管计的上游、下游也各需有 $25D$ 和 $10D$ 的直管段。缺点是精度

较低,约为 10% 左右。为了提高精度,可应用体积法、称量法等对弯管流量计进行专门率定实验。

四、电磁流量计

电磁流量计是在 20 世纪 30 年代出现的,其作用原理如下:在产生交变磁场的两个磁极之间,固定一段由绝缘材料制成的管道,管道上下有一对电极,当导电流体在磁场中沿垂直磁力线的方向(即沿管轴)流过时,因切割磁力线而感应出电动势。电动势 E 的大小与磁通密度 B、管道内径 d 以及流体的平均流速 v 有关,可表示为

$$E = KBdv \tag{2-36}$$

式中 K——安装常数。

将 $Q = \frac{\pi}{4} d^2 v$ 代入,则得

$$E = \frac{4KB}{\pi d} Q \tag{2-37}$$

在磁场和管径一定的情况下,电动势 E 与管道内通过的流量 Q 成正比。图 2-18 为电磁流量计结构原理图。利用图中指示仪表即可量出 E 的数值。理论上只要流体的参数(压强、温度、密度、黏度与热导率等)不影响其导电程度,则测量仪表的读数就与流体的性质无关。

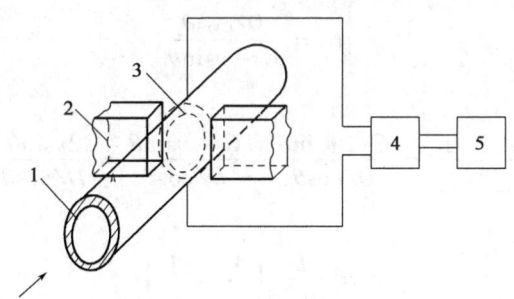

图 2-18 电磁流量计结构原理
1—测量导管;2—磁极;3—电极;4—转换器;5—显示仪表

电磁流量计没有插入流体的探头部分,不干扰流场,且水流能量损失也很小,并且对于耐高温、防毒、防腐来说也具有明显优点,尤其适用于含砂水流及浆体等流量的测定。工业用的电磁流量计直径范围从 3mm 至 3m,应用比较广泛,目前国内外均有系列产品出售。缺点是精度尚需提高,一般只有 2% 左右,而且其价格也较贵。

五、超声波流量计

如图 2-19 所示,超声波流量计利用超声波传播速度顺水流方向增大与逆水流方向减小的特点,测定出传播速度的差值,从而求出水流速度以测定流量。超声波流量计为无阻塞式仪表,应用范围与电感流量计类似,并有更多的优点,如线性范围更宽,对低流速也能准确测定;在操作上加以简单切换就能测量正逆两个方向的流量;而且不要求流体是导电的,它既可用于管路(管径可达 20~300cm),又可用于明渠,其信号传输距离可达 300m。缺点是被测流体的含砂浓度不能过大(如低于 10kg/m³),否则将会产生明显误差。超声波流量计的精度不依流速而定,而是和管径大小有关,管径大于 30m,精度为 ±1.0%;管径小于 30cm,精度为 ±1.5%。

应用超声波流量计测流量有时差法、多普勒法或多普勒与时差法并用等方法。

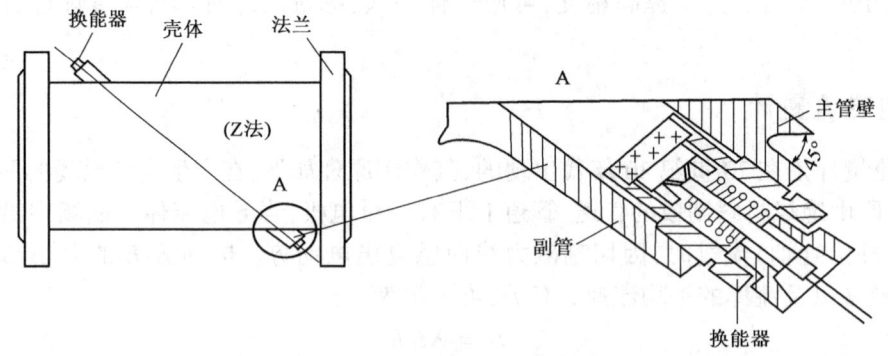

图2-19 超声波流量计的结构

1. 时差法

时差法有单声束式和双声束式,图2-19所示单声束式。设流体流速为v,管道直径为D,超声波传播方向与流体流动方向的夹角为θ,超声波在液体中的传播速度为C,从上游侧往下游侧发射声波的传送时间为t_1,从下游侧往上游侧的传送时间为t_2,相应公式为

$$\begin{cases} t_1 = \dfrac{D/\cos\theta}{C + v\sin\theta} \\ t_2 = \dfrac{D/\cos\theta}{C - v\sin\theta} \end{cases} \qquad (2-38)$$

消去C,得

$$\frac{1}{t_1} - \frac{1}{t_2} = \frac{C + v\sin\theta}{D/\cos\theta} - \frac{C - v\sin\theta}{D/\cos\theta} = \frac{2v\sin\theta}{D/\cos\theta} \qquad (2-39)$$

则流速为

$$v = \frac{D}{\sin 2\theta}\left(\frac{1}{t_1} - \frac{1}{t_2}\right) \qquad (2-40)$$

求出平均流速v,即可算出流量。超声波换能器可以用活动夹具或固定在管道外壁上。

2. 多普勒法

当向管中流体发射声束,声波经流体中微粒或气泡散射后,产生频率差(或频移),传感器接收到的频移信号与流速成正比,可由下式表示:

$$\Delta f = f_t - f_r = 2f_t \cdot v \cdot \cos\theta / C \qquad (2-41)$$

则液体流速为

$$v = \frac{\Delta f \cdot C}{2f_t \cos\theta} \qquad (2-42)$$

式中 Δf——频移,Hz;
　　 f_t——发射频率,Hz;
　　 f_r——接收频率,Hz;
　　 θ——液流轴向与发射或接收声速之间的夹角,(°);
　　 C——声波通过传感器介质(如环氧树脂)的速度,m/s。

当$C \gg v$时,上式适用。图2-20为将发射器和接收器同时装在一只换能器内的多普勒流量计原理图,使用时将换能器紧贴在外管壁上即可进行测量。多普勒超声波测流的使用条件为:(1)流体中含悬浮粒子或气泡不少于2%(体积比);(2)管壁材料均匀,无里衬,管壁厚度小于19mm。

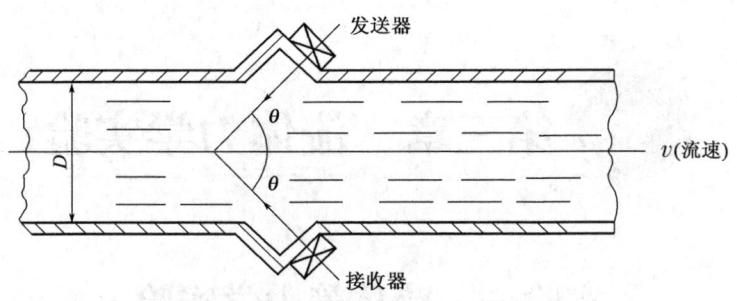

图 2-20　多普勒流量计原理图

还有其他的一些流量计,如转子流量计、涡轮流量计、音速流量计等,在此不作一一介绍,使用时可参阅有关书籍。

第三章 流体力学实验

实验一 流体静力学实验

一、实验目的

(1)掌握用测压管测量流体静压强的技能;
(2)验证不可压缩流体静力学基本方程;
(3)通过对诸多流体静力学现象的实验分析研讨,进一步提高解决静力学实际问题的能力。

二、实验装置

流体静力学实验装置如图3-1所示。

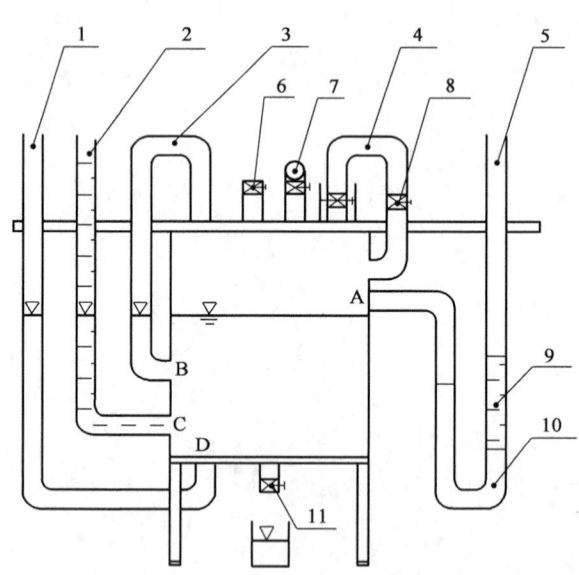

图3-1 流体静力学实验装置示意图
1—测压管;2—带标尺测压管;3—连通管;4—真空测压管;5—U形测压管;
6—通气阀;7—加压打气球;8—截止阀;9—油柱;10—水柱;11—减压放水阀

说明:
(1)所有测压管液面标高均以标尺(测压管2)零读数为基准。

(2)仪器铭牌所注▽$_B$、▽$_C$、▽$_D$为测点B、C、D标高;若同时取标尺零点作为静力学基本方程的基准,则▽$_B$、▽$_C$、▽$_D$为z_B、z_C、z_D。

(3)本仪器中所有阀门旋柄顺时针旋转为开。

三、实验原理

在重力作用下,不可压缩流体静力学基本方程为

$$z + \frac{p}{\rho g} = C \quad \text{或} \quad p = p_0 + \rho g h \tag{3-1}$$

式中　z——测点在基准面的相对位置高度,m;
　　　p——被测点的静水压强,用相对压强表示,Pa;
　　　ρ——液体密度,kg/m³;
　　　g——重力加速度,9.8m/s²;
　　　C——常数,恒定值;
　　　p_0——水箱中液面的表面压强,Pa;
　　　h——被测点的液体深度,m。

当U形管中水面与油水界面平齐(图3-2),取油水界面为等压面时,有

$$p_{01} = \rho_w g h_1 = \rho_o g H \tag{3-2}$$

另当U形管中水面和油面齐平(图3-3),取其油水界面为等压面时,则有

$$p_{02} + \rho_w g H = \rho_o g H \tag{3-3}$$

即

$$p_{02} = -\rho_w g h_2 = \rho_o g H - \rho_w g H \tag{3-4}$$

上式联解可得

$$H = h_1 + h_2 \tag{3-5}$$

代入式(3-2)可得油的相对密度δ_o为

$$\delta_o = \frac{\rho_o}{\rho_w} = \frac{h_1}{h_1 + h_2} \tag{3-6}$$

式中　p_{01},p_{02}——油水界面压强,Pa;
　　　ρ_w——水的密度,kg/m³;
　　　ρ_o——油的密度,kg/m³;
　　　δ_o——油的相对密度,根据式(3-6),可以用实验仪器直接测得δ_o。

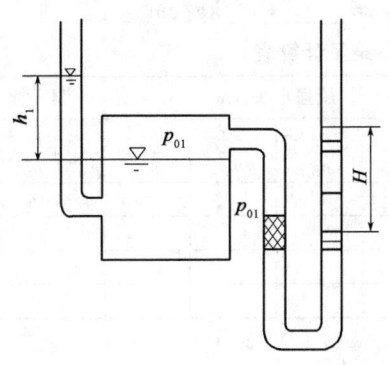

图3-2　U形管中水面与油水界面平齐

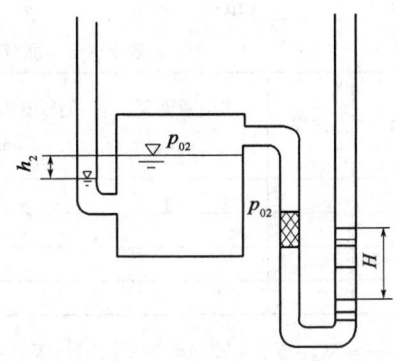

图3-3　U形管中水面和油面齐平

四、实验方法与步骤

1. 实验准备和密封性检查

掌握仪器组成及其用法,包括:

(1) 各阀门的开关。
(2) 加压方法:关闭所有阀门(包括截止阀),然后用打气球充气。
(3) 减压方法:开启筒底减压放水阀 11 放水。

检查仪器是否密封:加压后检查测压管 1、2、5 液面高程是否恒定,若下降,表明漏气,应查明原因并加以处理。

2. 记录仪器号及各常数

3. 测量各点静压强(各点压强用厘米水柱高表示)

(1) 打开通气阀 6 (此时 $p_0 = 0$),记录水箱液面标高 ∇_0 和测压管 2 液面标高 ∇_H (此时 $\nabla_0 = \nabla_H$)。
(2) 关闭通气阀 6 及截止阀 8,加压使之形成 $p_0 > 0$,测记 ∇_0 及 ∇_H。
(3) 打开减压放水阀 11 及截止阀 8,使之形成 $p_0 < 0$ 且 $\dfrac{p_B}{\rho g} < 0$ (即 $\nabla_H < \nabla_B$),测记 ∇_0 及 ∇_H,把水倒回水箱。
(4) 重复(3),但只要求 $p_0 < 0$,测记 ∇_0 及 ∇_H,水倒回水箱。

4. 测定油的相对密度 δ_o

(1) 开启通气阀 6。
(2) 关闭通气阀 6,打气加压 ($p_0 > 0$),微调放气螺母使 U 形管中水面与油水界面齐平(图 3-2),测记 ∇_0 及 ∇_H (此过程反复进行 3 次)。
(3) 打开通气阀,待液面稳定后,关闭所有阀门;然后开启减压放水阀 11 降压 ($p_0 < 0$),使 U 形管中的水面与油面齐平(图 3-3),测记 ∇_0 及 ∇_H (此过程也反复进行 3 次)。

注:加压时务必保持 U 形测压管中水面在 U 形管转折处之上。

五、实验数据记录及处理

实验台号 No._____ ;   同组人_____ ;
∇_B = _____ cm; ∇_C = _____ cm;
∇_D = _____ cm; ρ_w = _____ kg/cm³。

表 3-1 流体静压强测量记录及计算表

实验条件	次序	水箱液面 ∇_0 cm	测压管液面 ∇_H cm	压强水头,cm				测压管水头,cm	
				$\dfrac{p_A}{\rho g}$	$\dfrac{p_B}{\rho g}$	$\dfrac{p_C}{\rho g}$	$\dfrac{p_D}{\rho g}$	$z_C + \dfrac{p_C}{\rho g}$	$z_D + \dfrac{p_D}{\rho g}$
$p_0 = 0$									
$p_0 > 0$									
$p_0 < 0, p_B < 0$									
$p_0 < 0$									

注:(1) $\dfrac{p_A}{\rho g} = \nabla_H - \nabla_0$; $\dfrac{p_B}{\rho g} = \nabla_H - \nabla_B$; $\dfrac{p_C}{\rho g} = \nabla_H - \nabla_C$; $\dfrac{p_D}{\rho g} = \nabla_H - \nabla_D$。

(2) 表中基准面选在_____; z_C = _____ cm; z_D = _____ cm。

表 3-2 油的相对密度测量记录及计算表

实验条件	次序	水箱液面标尺读数 ∇_0 cm	测压管2液面标尺读数 ∇_H cm	$h_1 = \nabla_H - \nabla_0$ cm	$\overline{h}_1$ cm	$h_2 = \nabla_H - \nabla_0$ cm	$\overline{h}_2$ cm	$\delta_0 = \dfrac{\rho_0}{\rho_w}$ = $\dfrac{\overline{h}_1}{\overline{h}_1 + \overline{h}_2}$
$p>0$ U形管水面与油水界面齐平	1					—	—	$\delta_0 =$
	2					—	—	
	3					—	—	
$p<0$ U形管水面与油水界面齐平	1			—	—			$\rho_0 =$ kg/m³
	2			—	—			
	3			—	—			

六、思考题

(1) 同一静止液体内的测压管水头线是根什么线？
(2) 当 $p_B < 0$ 时，试根据记录数据确定水箱内的真空区域。
(3) 若再备一根直尺，试采用另外最简单的方法测定 δ_0。
(4) 如测压管太细，对测压管液面的读数有何影响？
(5) 过点 C 作一水平面，相对管 1、2 及水箱中液体而言，这个水平面是不是等压面？哪一部分液体是同一等压面？
(6) 用图 3-1 的装置能演示变液位下的恒定流实验吗？
(7) 该仪器在加气增压后，水面液位将下降 δ 而测压管液面将升高 H，实验时，若以 $p_0 = 0$ 时的水箱液面作为测量基准。试分析加气增压后，实际压强 $(H+\delta)$ 与视在压强 H 的相对误差值。本仪器测压管内径为 0.8cm，水箱内径为 20cm。

七、本次实验的心得及建议

实验二 不可压缩流体恒定流能量方程实验

一、实验目的

(1) 验证不可压缩流体恒定流能量方程（伯努利方程）；
(2) 通过对动力学诸多水力现象的实验分析研讨，进一步掌握有压管流中动水力学的能量转换特性；

(3)掌握流速、流量、压强等动水力学水力要素的实验测量技能。

二、实验装置

本实验的装置如图3-4所示。

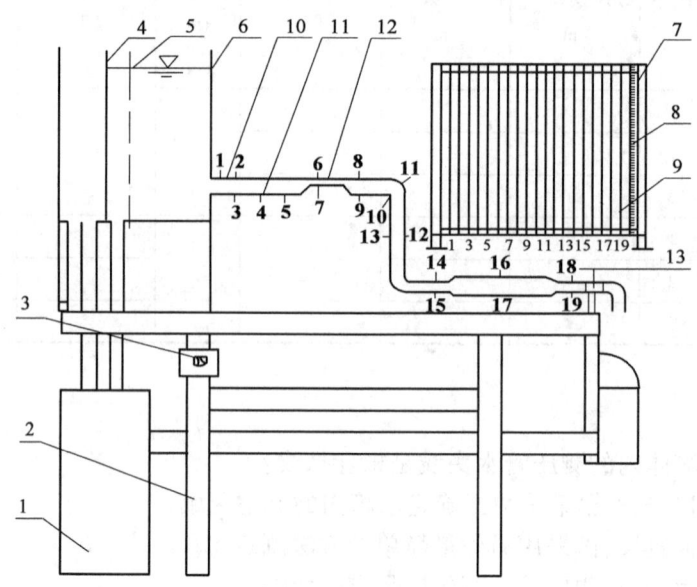

图3-4 不可压缩流体恒定流能量方程实验装置示意图

1—自循环供水器;2—实验台;3—可控硅无级调速器;4—溢流板;5—稳水孔板;
6—恒压水箱;7—测压计;8—滑动测量尺;9—测压管;10—实验管道;11—测压点;
12—毕托管;13—实验流量调节阀

本仪器测压管有两种:

(1)毕托管测压管(接 **1**、**6**、**8**、**12**、**14**、**16**、**18** 点的测压管),用以测读毕托管探头对准点的总水头 $H' = z + \frac{p}{\rho g} + \frac{u^2}{2g}$,须注意一般情况下 H' 与断面总水头 $H' = z + \frac{p}{\rho g} + \frac{v^2}{2g}$ 不同(因一般 $u \neq v$),它的水头线只能定性表示总水头变化趋势。

(2)普通测压管,用以定量测量测压管水头。

实验流量用阀13调节,流量由体积时间法(量筒、秒表另备)或重量时间法(秤另备)测量(以下实验类同)。

三、实验原理

在实验管路中沿管内水流方向取 n 个过水断面,可以列出进口断面(1)至另一断面(i)的能量方程式($i = 2, 3, \cdots, n$)为

$$z_1 + \frac{p_1}{\rho g} + \frac{\alpha_1 v_1^2}{2g} = z_i + \frac{p_i}{\rho g} + \frac{\alpha_i v_i}{2g} + h_{w1-i} \quad (3-7)$$

取动能修正系数 $\alpha_1 = \alpha_2 = \cdots = \alpha_n = 1$,选好基准面,从已设置的各断面的测压管中读出 $z + \frac{p}{\rho g}$ 值,测出通过管路的流量,即可计算出断面平均流速 v 及 $\frac{\alpha v^2}{2g}$,从而即可得到各断面测压管水头和总水头。

四、实验方法与步骤

(1) 熟悉实验设备,分清哪些测压管是普通测压管,哪些是毕托管测压管,以及两者功能的区别。

(2) 打开开关供水,使水箱充水,待水箱溢流,检查调节阀关闭后所有测压管水面是否齐平。如不平则需查明故障原因(例如连通管受阻、漏气或夹气泡等)并加以排除,直至调平。

(3) 打开阀13,观察并思考:①测压管水头线和总水头线的变化趋势;②位置水头、压强水头之间的相互关系;③测点**2**、**3**测压管水头同否?为什么?④测点**12**、**13**测压管水头是否不同?为什么?⑤当流量增加或减少时,测压管水头如何变化?

(4) 调节阀13开度,待流量稳定后,测记各测压管读数,同时测记实验流量(毕托管供演示用,不必测记读数)。

(5) 改变流量2次,重复上述测量。其中一次阀门开度大到使**19**点测压管液面接近标尺零点。

五、实验数据记录及处理

(1) 记录有关常数。

实验装置台号 No.＿＿＿＿＿＿＿＿＿＿；

均匀段 $D_1 = $ ＿＿＿＿＿＿ cm；　　缩管段 $D_2 = $ ＿＿＿＿＿＿ cm；　　扩管段 $D_3 = $ ＿＿＿＿＿＿ cm；

水箱液面高程 $\nabla_0 = $ ＿＿＿＿＿＿ cm；　　上管道轴线高程 $\nabla_z = $ ＿＿＿＿＿＿ cm。

表3-3　管径记录表

测点编号	1*	2 3	4	5	6* 7	8* 9	10 11	12* 13	14* 15	16* 17	18* 19
管径,cm											
两点间距,cm	4	4	6	6	4	13.5	6	10	29	16	16

注:(1) 测点**6**、**7**所在断面内径为 D_2,测点**16**、**17**为 D_3,其余均为 D_1;
　　(2) 标"*"者为毕托管测点(测点编号见图3-4);
　　(3) 测点**2**、**3**为直管均匀流段同一断面上的两个测压点,**10**、**11**为弯管非均匀流段同一断面上的两个测点。

(2) 测量 $\left(z + \dfrac{p}{\rho g}\right)$ 并记入表3-4。

表3-4　$\left(z + \dfrac{p}{\rho g}\right)$ 数值表

单位:cm

测点编号		2	3	4	5	7	9	10	11	13	15	17	19	Q,cm³/s
实验次序	1													
	2													
	3													

注:基准面选在标尺的零点上。

(3) 计算流速水头和总水头。

(4)绘制上述成果中最大流量下的总水头线 E—E 和测压管水头线 P—P(轴向尺寸参见图 3-5,总水头线和测压管水头线可以绘在图 3-5 上)。

提示：

① P—P 线依表 3-3 数据绘制,其中测点 **10**、**11**、**13** 数据不用;

② E—E 线依表 3-4(2)数据绘制,其中测点 **10**、**11** 数据不用;

③ 在等直径管段 E—E 与 P—P 线平行。

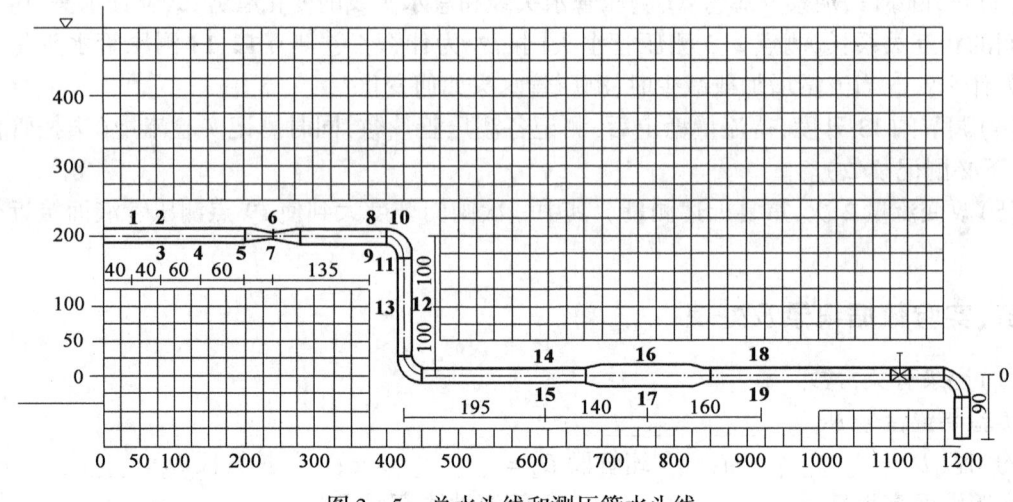

图 3-5 总水头线和测压管水头线

六、思考题

(1)测压管水头线和总水头线的变化趋势有何不同？为什么？

(2)流量增加,测压管水头线有何变化？为什么？

(3)测点 **2**、**3** 和测点 **10**、**11** 的测压管读数分别说明了什么问题？

(4)试问避免喉管(测点 **7**)处形成真空有哪几种技术措施？分析改变作用水头(如抬高或降低水箱的水位)对喉管压强的影响情况。

(5)毕托管所显示的总水头线与实测绘制的总水头线一般都略有差异,试分析其原因。

七、本次实验的心得及建议

实验三　不可压缩流体恒定流动量方程实验

一、实验目的

(1)验证不可压缩流体恒定流的动量方程;

(2)了解活塞式动量定律实验仪原理、构造;

(3)通过对动量定律实验仪的实验测量、参数计算及结果分析,进一步掌握流体动力学的动量守恒定理的应用。

二、实验装置

本实验的装置如图3-6所示。不可压缩流体恒定流动量方程的验证需要测定固体对象的受力,动量定律实验仪利用抗冲背板水压力自动平衡水射流对固体所产生的冲力(即动量力 F),其工作原理如图3-7所示:流经管嘴6的水流形成射流,以入射角成90°冲击带活塞和翼片的抗冲平板9,流体经过活塞的内部导水管(图3-7中a)进入活塞后部的测压管。当射流冲击力大于测压管内水柱对活塞的压力时,活塞内移,活塞套上溢流窄槽(图3-7中c)关小,水流外溢减少,使测压管内水位升高,水压力增大。反之,活塞外移,窄槽开大,水流外溢增多,测压管内水位降低,水压力减小。在恒定射流冲击下,经短时间的自动调整,即可达到射流冲击力和水压力的平衡状态。这时活塞处在半进半出、窄槽部分开启的位置上,过a流进测压管的水量和过c外溢的水量相等。由于平板上设有翼片(图3-7中b),在水流冲击下,平板带动活塞旋转,因而克服了活塞在沿轴向滑移时的静摩擦力。

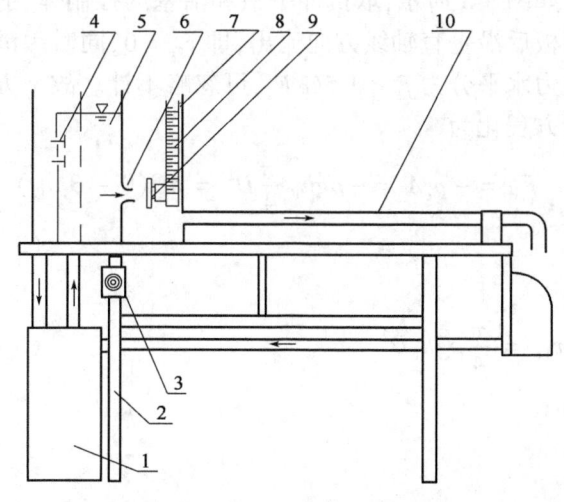

图3-6 动量定律实验仪装置图
1—自循环供水器;2—实验台;3—可控硅无级调速器;4—水位调节阀;
5—恒压水箱;6—管嘴;7—集水箱;8—带活塞的测压管;
9—带活塞和翼片的抗冲平板;10—上回水管

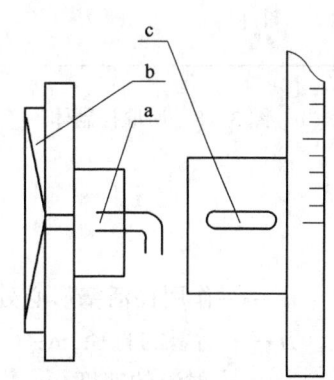

图3-7 带活塞和翼片的抗冲平板
a—内部导水管;b—翼片;c—溢流窄槽

活塞形心水深 h_c,可由测压管8测得,由此可根据静力学方程 $\left(P = \rho g h_c \dfrac{\pi}{4} D^2\right)$ 求得平板所受的射流冲力,即动量力 $F = P$。冲击后的弃水经集水箱7汇集后,再经上回水管10流出,最后经漏斗和下回水管流回蓄水箱。

在实验中恒定流受力平衡的状态下,可人为地增减测压管中的液位高度检验装置的灵敏度。实验表明,即使改变量不足总液柱高度的 ±5‰(约0.5~1mm),活塞在旋转下也能有效地克服动摩擦力而作轴向位移,开大或减小窄槽c,使过高的水位降低或过低的水位提高,恢复到原来的平衡状态。这表明该装置的灵敏度高达0.5%,即活塞轴向动摩擦力不足总动量力的5‰。

三、实验原理

不可压缩流体恒定流总动量方程为

$$\sum F = \rho Q(\beta_2 v_2 - \beta_1 v_1) \tag{3-8}$$

式中 $\sum F$——控制体所受合外力,N;
ρ——液体的密度,kg/m³;
Q——射流流量,m³/s;
v_1——入流速度,m/s;
v_2——出流速度,m/s;
β_1, β_2——动量修正系数。

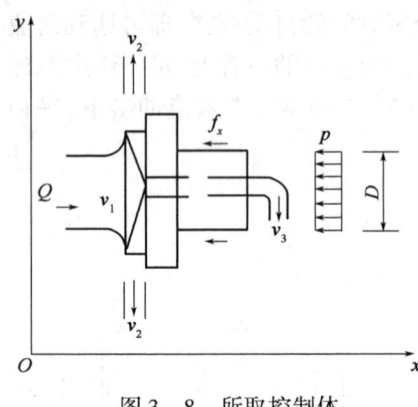

图 3-8 所取控制体

由于实验仪背板工作在大气环境中,忽略大气压力及重力的影响,动量方程左端只需考虑动量力,方程简化为

$$F = \rho Q(\beta_2 v_2 - \beta_1 v_1) \tag{3-9}$$

如图 3-8 所示,取抗冲平板和活塞的控制体,射流冲击挡板后沿垂直轴线方向流出,即 $v_{2x} = 0$,同时因滑动摩擦阻力水平分力 $f_x < 0.5\% F_x$,可忽略不计。故 x 方向的动量方程化为

$$F_x = -p_c A = -\rho g h_c \frac{\pi}{4} D^2 = \rho Q(0 - \beta_1 v_{1x}) \tag{3-10}$$

即

$$\beta_1 \rho Q v_{1x} = \frac{\pi}{4} \rho g h_c D^2 \tag{3-11}$$

式中 h_c——作用在活塞形心处的水深,m;
D——活塞的直径,m;
v_{1x}——射流的速度,m/s。

实验中,当实验仪抗冲板处于平衡状态时,只要测得流量 Q 和活塞形心水深 h_c,由给定的管嘴直径 d 和活塞直径 D 便可验证动量方程,并确定射流的动量修正系数 β_1 值。其中,测压管的标尺零点已固定在活塞的圆心处,因此液面标尺读数,即为作用在活塞圆心处的水深。

四、实验方法与步骤

1. 准备

首先熟悉实验仪各部分结构、名称、功能,记录有关常数。

2. 启动水循环系统

打开调速器开关3,使水箱冲水至稳定的溢流状态并稳定 2~3min。

3. 调整测压管位置

待恒压水箱满顶溢流后,松开测压管固定螺栓,调整方位,要求测压管垂直、螺栓对准十字中心,使活塞转动轻快。然后旋转螺栓固定好。

4. 测读测压管水头

标尺的零点如图 3-6 所示固定在活塞圆心的高程上。当测压管内液面稳定后,记下测压管内液面的标尺读数,即 h_c 值。

5. 流量测量

利用体积法或重量时间法测量管道 10 出口处射流的流量,测量时间至少要求在 15s 以上。测量时可用活动漏斗将水接入塑料桶等容器,然后称其重量,该过程需重复测三次。

6. 不同管嘴作用水头实验

调节图 3-6 中水位调节阀 4 改变管嘴的作用水头。随后调节调速器,使溢流量适中,待水头稳定后,按 3~5 步骤重复进行实验。

五、实验数据记录及处理

1. 记录有关常数和数据

实验装置台号 No._____;管嘴内径 d = _____ cm;活塞直径 D = _____ cm。

表 3-5 数据记录表

实验次序	水箱水位 h_1 cm	测压管水位 h_c cm	动量力 $F = \rho g h_c \frac{\pi}{4} D^2$	动量修正系数 $\beta_1 = \dfrac{F}{\rho Q v_{1x}}$

2. 曲线绘制

以表 3-5 中某一实验条件,在给出计算步骤的基础上,绘制如图 3-8 所示控制体图。

六、思考题

(1) 实测 β_1(平均动量修正系数)与书本中给出的参考值(β = 1.02~1.05)是否符合?如不符合,请分析原因。

(2) 带翼片的平板在射流作用下获得力矩,这对分析射流冲击无翼片的平板沿 x 方向的动量方程有无影响?为什么?

(3) 若通过细导水管的分流,其出流角度与 v_2 相同,对以上受力分析有无影响?

(4) 平衡时,向测压管内加入或取出 1mm 左右深的水量,观察活塞及液位的变化,从而分析滑动摩擦力 f_x 为什么可以忽略不计。

(5) v_{2x} 若不为零,会对实验结果带来什么影响?试结合实验步骤的结果予以说明。

七、本次实验的心得及建议

实验四 毕托管实验

一、实验目的

(1) 通过对管嘴淹没出流点流速及点流速系数的测量,掌握用毕托管测量点流速的技能;

(2) 了解普朗特毕托管的构造和适用性,并检验其测量精度,进一步明确传统流体力学测量仪器的现实作用。

二、实验装置

本实验的装置如图 3-9 所示。

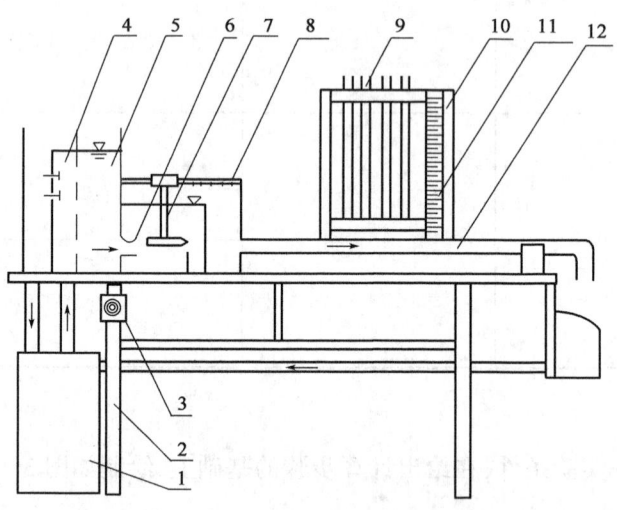

图 3-9 毕托管实验装置示意图

1—自循环供水器;2—实验台;3—可控硅无级调速器;4—水位调节阀;
5—恒压水箱;6—管嘴;7—毕托管;8—尾水箱与导轨;9—测压管;
10—测压计;11—滑动测量尺(滑尺);12—上回水管

经淹没管嘴 6,将高低水箱水位差的位能转换成动能,并用毕托管测出其点流速值。测压计 10 的测压管分别用以测量高、低水箱位置水头,毕托管的全压水头和静压水头,水位调节阀 4 用以改变测点的流速大小。

三、实验原理

毕托管具有结构简单、使用方便、测量精度高等优点，应用广泛。其原理如图 3-10 所示，测量范围为水流 0.2~2m/s，气流 1~60m/s。

因①管测出的是不受流速影响的静水压头 p_A，②管测出的是总压水头 p_B，所以 A 点处的动水压头为

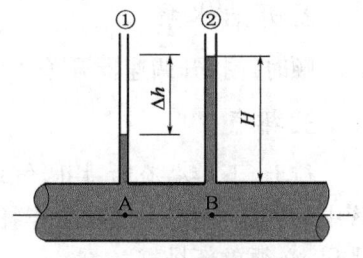

图 3-10 毕托管原理图

$$\frac{u_A^2}{2g} = \frac{p_B - p_A}{\rho g} = \Delta h \quad (3-12)$$

则 A 点的流速为

$$u_A = \sqrt{\frac{2g(p_B - p_A)}{\gamma}} = \sqrt{2g\Delta h} \quad (3-13)$$

实际上由于测速管在液流中会引起微小阻力，使得测出的压强差不能真实反映实际结果，所以常在上式中乘以较正系数 C，写成以下形式：

$$u_A = C\sqrt{2g\Delta h} = k\sqrt{\Delta h} \quad (3-14)$$

其中

$$k = C\sqrt{2g} \quad (3-15)$$

式中　u_A——毕托管测点处的点流速，m/s；

p_A——测点的静压，Pa；

p_B——测点的动压，Pa；

Δh——毕托管总压水头与静水压头之差，m；

γ——容重，N/m³；

C——毕托管的校正系数；

k——系数。

对于管嘴淹没出流，管嘴作用水头、流速系数与流速之间存在如下关系：

$$u = \varphi\sqrt{2g\Delta H} \quad (3-16)$$

联立式(3-15)、式(3-16)求解可得

$$\varphi = C\sqrt{\Delta h/\Delta H} \quad (3-17)$$

式中　u——测点处流速，由毕托管测定，m/s；

φ——测点流速系数；

ΔH——管嘴的作用水头，m。

因此，本实验只要测出 Δh 和 ΔH，便可通过式(3-17)计算得到流速系数 φ，再将 φ 与实际流速系数比较(经验值 $\varphi = 0.995$)，便可得到测量精度。

四、实验方法与步骤

1. 实验准备

(1) 熟悉实验装置各部分名称、作用性能，掌握构造特征、实验原理；
(2) 用医塑管将上、下游水箱的测点分别与测压计中的测压管 1、2 相连通；
(3) 将毕托管对准管嘴，距离管嘴出口处约 2~3cm，上紧固定螺栓。

2. 开启水泵

顺时针打开调速器开关3,将流量调节到最大。

3. 排气

待上、下游溢流后,用吸气球(如医用洗耳球)放在测压管口部抽吸,排除毕托管及各连通管中的气体,用静水匣罩住毕托管,可检查测压计液面是否齐平,液面不齐平可能是空气没有排尽,必须重新排气。

4. 测记

测记各有关常数和实验参数,填入实验表格。

5. 改变流速

操作调节阀4并相应调节调速器3,使溢流量适中,共可获得三个不同恒定水位与相应的不同流速。改变流速后,按上述方法重复测量。

6. 完成下述实验项目

(1) 分别沿垂向和沿流向改变测点的位置,观察管嘴淹没射流的流速分布。

(2) 在有压管道测量中,管道直径相对毕托管的直径在6~10倍以内时,误差在2%甚至5%以上,不宜使用。试将毕托管头部伸入到管嘴中,予以验证。

7. 检查毕托管比压计

实验结束时,按上述3的方法检查毕托管比压计是否齐平。

五、实验数据记录及处理

实验装置台号No._____;校正系数 $C=$ _____;$k=$ _____ $cm^{0.5}/s$。

表3-6 记录计算表

实验次序	上、下游水位差			毕托管水头差			测点流速 $u=k\sqrt{\Delta h}$ cm/s	测点流速系数 $\varphi=C\sqrt{\Delta h/\Delta H}$
	h_1	h_2	ΔH	h_3	h_4	Δh		

六、思考题

(1) 利用测压管测量点压强时,为什么要排气?怎样检验排净与否?

(2)毕托管的压头差 Δh 和管嘴上、下游水位差 ΔH 之间的大小关系怎样？为什么？

(3)所测的流速系数 φ 说明了什么？

(4)据激光测速仪检测，距孔口 2~3cm 轴心处，其流速系数 φ 为 0.996，试问本实验的毕托管精度如何？如何率定毕托管的校正系数 C？

(5)普朗特毕托管的测速范围为 0.2~2m/s，流速过小过大都不宜采用，为什么？测速时要求探头对正水流方向(轴向安装偏差不大于10°)，试说明其原因(低流速可用倾斜压差计)。

(6)为什么在光、声、电技术高度发展的今天，仍然常用毕托管这一传统的流体测速仪器？

七、本次实验的心得及建议

实验五 雷诺实验

一、实验目的

(1)观测管道流动层流、紊流的流态特征及相互转换规律；

(2)了解无量纲参数在实验流体力学中的应用，掌握雷诺数的意义；

(3)测定临界雷诺数，掌握圆管流态判别准则。

二、实验装置

本实验的装置如图 3-11 所示。

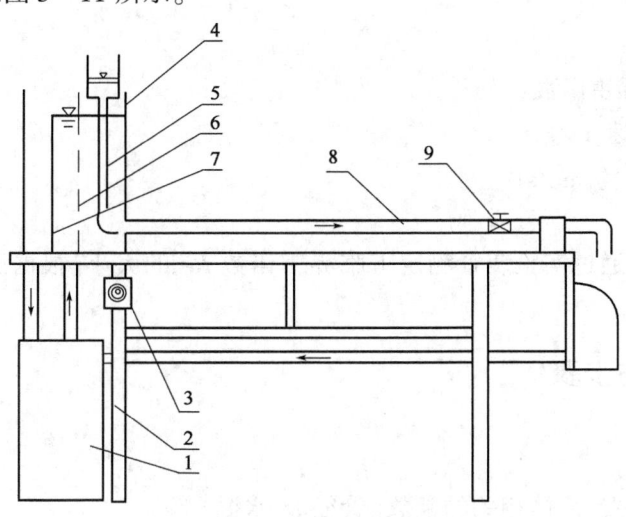

图 3-11 自循环雷诺实验装置示意图

1—自循环供水器；2—实验台；3—可控硅无级调速器；4—恒压水箱；5—有色水水管；
6—稳水隔板；7—溢流板；8—实验管道；9—实验流量调节阀

与能量方程等实验不同的是,本实验装置设置的恒水箱设有多道稳水隔板6,从而能进一步提高管道8进口前水体稳定度。有色水水管开口沿实验管道8的轴向方向进入,从而使有色水箱有色水沿实验管道8轴向流动,实验过程中根据有色水散开与否判断流态。为防止自循环水污染,有色水采用自行消色的专用色水。

三、实验原理

等径直管管流时,当管流速度或流量较小时,由于流体相互之间的黏性束缚(黏性力),流体质点被限制沿直线向前流动,形成了所谓的"层流"流态;当管流速度或流量不断增大时,运动流体质点自身的惯性(惯性力)逐渐在流动中占据主导作用,质点出现类似分子热运动时特征无规律各方向脉动行为,形成了所谓的"紊流"流态。研究表明,影响管流流态的因素包括管径、流体密度、黏度和平均流速,由它们组成的无量纲参数雷诺数 Re 是判断流态的标准:

$$Re = \frac{\rho v d}{\mu} = \frac{vd}{\nu} \tag{3-18}$$

式中　Re——雷诺数;
　　　ρ——流体的密度,kg/m^3;
　　　d——管径,m;
　　　μ——流体的动力黏度,$Pa \cdot s$;
　　　v——平均流速,m/s;
　　　ν——流体的运动黏度,m^2/s。

实验过程中,当一种流态向另一种流态转变时,由于惯性的影响导致转换的延迟。当层流向紊流转化时,其转变点的雷诺数称为上临界雷诺数 Re_e';当紊流向层流转变时,称转变点的雷诺数为下临界雷诺数 Re_e。因 Re_e' 的不稳定性,常用 Re_e 来进行流态判别,即

$$Re_e = \frac{v_e d}{\nu} = \frac{4Q_e}{\pi d \nu} = KQ_e \tag{3-19}$$

其中
$$K = \frac{4}{\pi d \nu}$$

式中　Re_e——下临界雷诺数;
　　　v_e——临界流速,m/s;
　　　Q_e——临界流量,m^3/s;
　　　K——系数。

本实验的任务是通过实验装置测定下临界雷诺数 Re_e 的大小,根据测试结果验证教材所定义的经验值。

四、实验方法与步骤

1. 记录

记录本实验中装置、流体相关的常数(管径 D、水温 t 等)。

2. 观察管流的两种流态

(1)打开开关3使水箱冲水至溢流水位,经 2~3min 稳定后,微微开启阀门9使管内流体

以很小的速度流动;

(2)开启有色水控制阀门向管内注入有色水,使有色水流成一直线流动,此时即为层流状态;

(3)逐渐开大阀门9,使管内有色水由稳定直线向摆动或抖动曲线、断续及完全散开状态转变,就是层流、过渡区及紊流间的转变;

(4)在达到完全紊流状态时,逐渐关小阀门,反向重复(3)中的过程,观测过程中不同流态下的水力特征。

3. 测定下临界雷诺数 Re_e

(1)同时用水箱中的温度计测记水温,从而求得水的运动黏度。

(2)将阀门9完全打开,使管中呈完全紊流,再逐步关小调节阀使流量减小。当流量调节到使有色水在全管刚呈现出一稳定直线时,即为下临界状态。

(3)待管中出现临界状态时,用体积法测定流量。

(4)根据所测流量采用式(3-19)计算 Re_e,并与公认值(2320)比较,如偏离过大,需重测。

(5)按照步骤(2)至(4)重复测量不少于三次。

注意:(1)每调节阀门一次,均需等待稳定约 3min;

(2)关小阀门过程中,只许渐小,不许开大;

(3)实验过程中应适当调节开关(右旋),以减小溢流量引发的扰动。

4. 测定上临界雷诺数 Re'_e

逐渐开启调节阀,使管中水流由层流过渡到紊流,当色水线刚开始散开时,即为上临界状态,测定上临界雷诺数 1~2 次。

五、实验数据记录及处理

1. 记录、计算有关常数

实验装置台号 No._____;管径 $d = $_____ cm;水温 $t = $_____ ℃;

运动黏度 $\nu = \dfrac{0.01775}{1 + 0.0337t + 0.000221t^2} = $_____;

计算常数 $K = $_____ s/cm^3。

2. 整理、记录计算表

将实验结果记录入表 3-7 中。

表 3-7 记录计算表

实验次序	有色水线形态	水体积 V cm³	时间 T s	流量 Q cm³/s	雷诺数 Re	阀门开度( ) 或( )	备注

续表

实验次序	颜色水线形态	水体积 V cm³	时间 T s	流量 Q cm³/s	雷诺数 Re	阀门开度( )或( )	备注
	实测下临界雷诺数(平均值)Re_e=						

注：颜色水线形态指稳定直线，稳定略弯曲，直线摆动，直线抖动，断续，完全散开等。

六、思考题

(1) 流态判据为何采用无量纲参数，而不采用临界流速？

(2) 为何认为上临界雷诺数无实际意义，而采用下临界雷诺数作为层流与紊流的判据？实测下临界雷诺数为多少？

(3) 雷诺实验得出的圆管流动下临界雷诺数为 2320，而目前有些教科书中介绍采用的下临界雷诺数是 2000，原因何在？

(4) 试结合紊动机理实验的观察，分析由层流过渡到紊流的机理何在。

(5) 分析层流和紊流在运动学特性和动力学特性方面各有何差异。

七、本次实验的心得及建议

实验六 文丘里流量计实验

一、实验目的

(1) 通过测定流量系数，掌握文丘里流量计测量管道流量的技术和应用气压差的技术；

(2) 掌握气—水多管压差计测量压差的技能；

(3) 通过实验与量纲分析，了解应用量纲分析与实验结合研究水力学问题的途径，进而掌握文丘里流量计的水力特性。

二、实验装置

本实验的装置如图 3-12 所示。在文丘里流量计实验段 7 的两个测量断面上，分别有 4 个测压孔与相应的均压环连通，经均压环均压后的断面压强由气—水多管压差计 9 测量(也可用电测仪测量)。

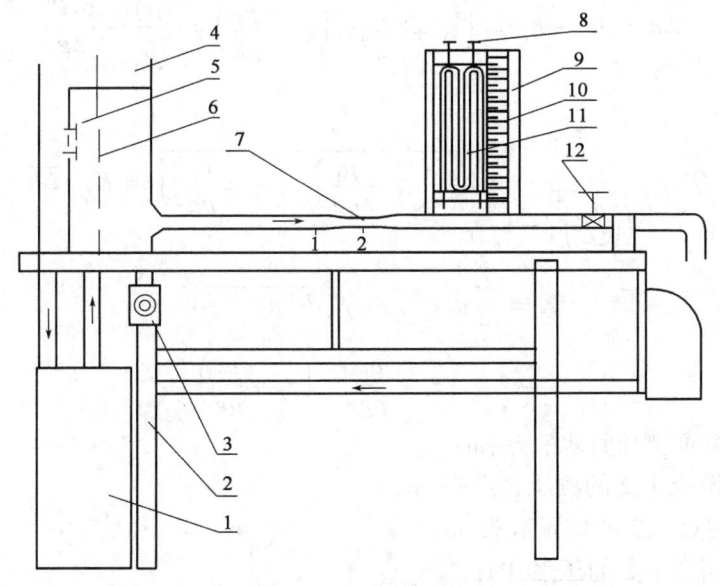

图 3-12　文丘里流量计实验装置示意图

1—自循环供水器；2—实验台；3—可控硅无级调速器；4—恒压水箱；5—溢流板；6—稳水孔板；
7—文丘里流量计实验段；8—测压计气阀；9—气—水多管压差计；
10—滑尺；11—多管压差计；12—实验流量调节阀

三、实验原理

文丘里流量计是一种常用的测量有压管道流量的装置，属于差压式流量计。它包括收缩段、喉道和扩散管三部分。文丘里流量计原理如图 3-13 所示，在收缩断面 1—1 和喉道断面 2—2 上设测压孔，并接上差压计，通过测量两个断面的测压管水头差，可以计算出管道的理论流量，再经过修正即可得到实际流量。

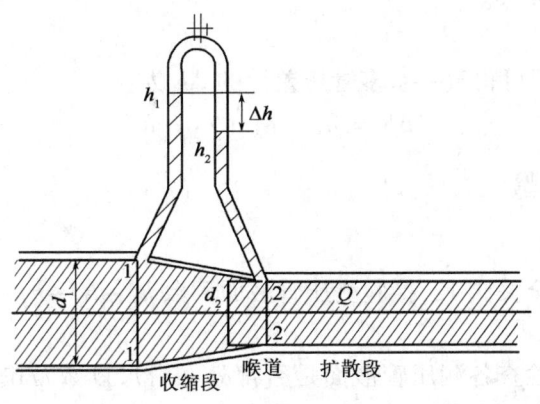

图 3-13　文丘里流量计原理图

水流从 1—1 断面到达 2—2 断面，由于过流断面的收缩，流速增大。根据恒定总流能量方程，若不考虑水头损失，速度水头的增加等于测压管水头的减小（即差压计液面高差 Δh）。因此，通过测量 Δh，建立两个断面平均流速之间的关系

$$\Delta h = h_1 - h_2 = \left(z_1 + \frac{p_1}{\rho g}\right) - \left(z_2 + \frac{p_2}{\rho g}\right) = \frac{\alpha_2 v_2^2}{2g} - \frac{\alpha_1 v_1^2}{2g} \quad (3-20)$$

则理论流量为

$$Q' = \frac{\frac{\pi}{4}d_1^2}{\sqrt{\left(\frac{d_1}{d_2}\right)^4 - 1}} \sqrt{2g\left[\left(z_1 + \frac{p_1}{\rho g}\right) - \left(z_2 + \frac{p_2}{\rho g}\right)\right]} = K\sqrt{\Delta h} \quad (3-21)$$

其中

$$K = \frac{\pi}{4}d_1^2 \sqrt{2g} / \sqrt{(d_1/d_2)^4 - 1} \quad (3-22)$$

$$\Delta h = \left(z_1 + \frac{p_1}{\rho g}\right) - \left(z_2 + \frac{p_2}{\rho g}\right) \quad (3-23)$$

式中 Δh——两断面测压管水头差,m;

h_1,h_2——测点 1、2 的测压管水头,m;

z_1,z_2——测点 1、2 的位置水头,m;

p_1,p_2——测点 1、2 的压强,Pa;

ρ——流体的密度,kg/m³;

α_1、α_2——动能修正系数;

v_1、v_2——测点 1、2 的平均流速,m/s;

d_1——文丘里管进口直径,m;

d_2——文丘里管喉部直径,m;

Q'——文丘里管理论流量,m³/s;

K——系数。

由于阻力的存在,实际通过的流量 Q 恒小于 Q'。引入一无量纲系数 $\mu = Q/Q'$,对计算所得的流量值进行修正,即

$$Q = \mu Q' = \mu K \sqrt{\Delta h} \quad (3-24)$$

式中 Q——实际流量,m³/s。

μ——流量系数。

由水静力学基本方程可得气—水多管压差计的 Δh 为

$$\Delta h = h_1 - h_2 + h_3 - h_4 \quad (3-25)$$

四、实验方法与步骤

(1)测记各有关常数。

(2)打开电源开关,全关阀 12,检验测压管液面读数 $h_1 - h_2 + h_3 - h_4$ 是否为 0,不为 0 时,需查出原因并予以排除。

(3)全开调节阀 12 检查各测压管液面是否都处在滑尺读数范围内。若液面不处在滑尺读数范围内,按下列步序调节:①拧开气阀 8;②将清水注入测压管 2、3;③待 $h_2 = h_3 \approx 24 \text{cm}$,打开电源开关充水;④待连通管无气泡,渐关阀 12,并调开关 3;⑤至 $h_2 = h_3 \approx 28.5 \text{cm}$,即速拧紧气阀 8。

(4)全开调节阀门,待水流稳定后,读取各测压管的液面读数 h_1、h_2、h_3、h_4,并用秒表、量筒测定流量。

(5)逐次关小调节阀,改变流量7~9次,重复步骤4,注意调节阀门应缓慢。
(6)把测量值记录在实验表格内,并进行有关计算。
(7)如测压管内液面波动时,应取时均值。
(8)实验结束,需按步骤(2)校核压差计是否回零。

五、实验数据记录及处理

1. 记录计算有关常数

实验装置台号 No._____;$d_1 =$ _____ cm;$d_2 =$ _____ cm;水温 $t =$ _____ ℃;$v =$ _____ cm²/s;水箱液面标尺值$\nabla_0 =$ _____ cm;管轴线高程标尺值$\nabla =$ _____ cm。

2. 整理记录计算表

将实验结果整理入表3-8中。

表3-8 实验数据记录表

次序	测压管读数,cm				水量 cm³	测量时间 s
	h_1	h_2	h_3	h_4		
1						
2						
3						
4						
5						
6						
7						
8						
9						

根据实验结果,进行相关计算,填入表3-9。

表3-9 计算表

$K =$ _____ cm$^{2.5}$/s

次序	Q cm³/s	$\Delta h = h_1 - h_2 + h_3 - h_4$ cm	Re_1	$Q' = (K\sqrt{\Delta h})$ cm³/s	$\mu = \dfrac{Q}{Q'}$

3. 曲线绘制

用方格纸绘制 Q—Δh 与 Re—μ 曲线图,分别取 Δh、μ 为纵坐标。

六、思考题

(1)本实验中,影响文丘里流量计流量系数大小的因素有哪些?哪个因素最敏感?对本实验的管道而言,若因加工精度影响,误将 $d_2 - 0.01$ 值取代上述 d_2 值时,本实验在最大流量下的 μ 值将变为多少?

(2)为什么计算流量 Q' 与实际流量 Q 不相等?

(3)试证气—水多管压差计(图3-14)有下列关系:

$$\Delta h = \left(z_1 + \frac{p_1}{\rho g}\right) - \left(z_2 + \frac{p_2}{\rho g}\right) = \Delta h_1 + \Delta h_2$$

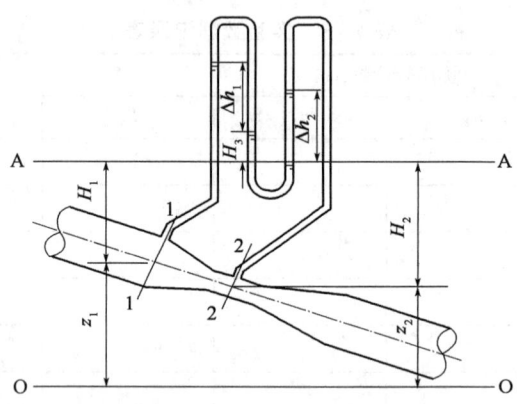

图3-14 思考题(3)图

(4)试应用量纲分析法,阐明文丘里流量计的水力特性。

(5)文丘里管喉颈处容易产生真空,允许最大真空度为 6~7m H_2O。工程中应用文丘里管时,应检验其最大真空度是否在允许范围内。据你的实验成果,分析本实验流量计喉颈最大真空度为多少?

七、本次实验的心得及建议

实验七 沿程水头损失实验

一、实验目的

(1)掌握管道沿程阻力系数的测量技术和应用气—水压差计及电测仪测量压差的方法;

(2)加深了解圆管层流和紊流的沿程水头损失随平均流速变化的规律,绘制 $\lg h_\mathrm{f}$—$\lg v$ 曲线,并确定 h_f 与 v 的关系;

(3)绘制 Re—λ 的关系曲线并与莫迪图对比,分析其合理性;

(4)拟合 Re—λ 的关系曲线并与理论分析结果、经验公式对比,进一步提高实验成果分析能力。

二、实验装置

本实验的装置如图 3-15 所示。

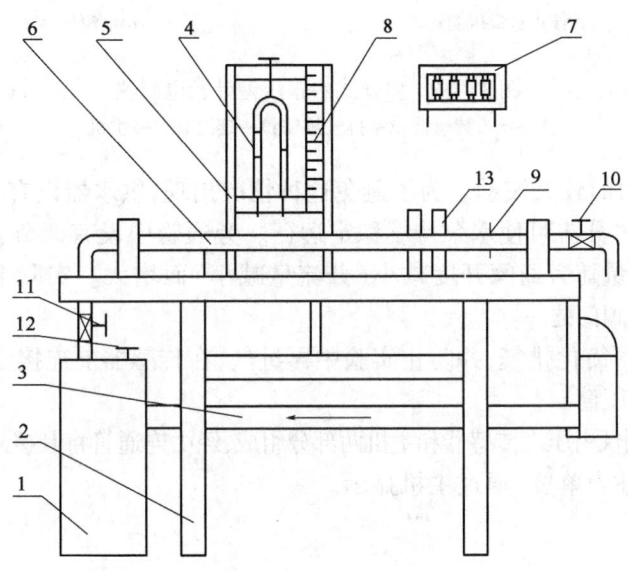

图 3-15 自循环沿程水头损失实验装置示意图
1—自循环高压恒定全自动供水器;2—实验台;3—回水管;4—气—水压差计;5—测压计;
6—实验管道;7—电子量测仪;8—滑动测量尺;9—测压点;10—实验流量调节阀;
11—供水管与供水阀;12—旁通管与旁通阀;13—稳压筒

根据压差测法不同,有两种型式:

型式Ⅰ 压差计测压差。低压差用水压差计测量,高压差用水银多管式压差计测量。装置简图如图 3-16(a)所示。

型式Ⅱ 电子量测仪测压差。低压差仍用水压差计测量,而高压差用电子量测仪(简称电测仪)测量。与型式Ⅰ比较,该型唯一不同在于水银多管式压差计被电测仪[图 3-16(b)]所取代。

本实验装置配备有:

(1)自循环高压恒定全自动供水器。自循环高压恒定全自动供水器由离心泵、自动压力开关、气—水压力罐式稳压器等组成,压力超高时能自动停机,过低时能自动开机。为避免因水泵直接向实验管道供水而造成的压力波动等影响,离心泵的输水是先进入稳压器的压力罐,经稳压后再送向实验管道。

(2)旁通管与旁通阀。由于本实验装置所采用水泵的特性,在供小流量时有可能时开时

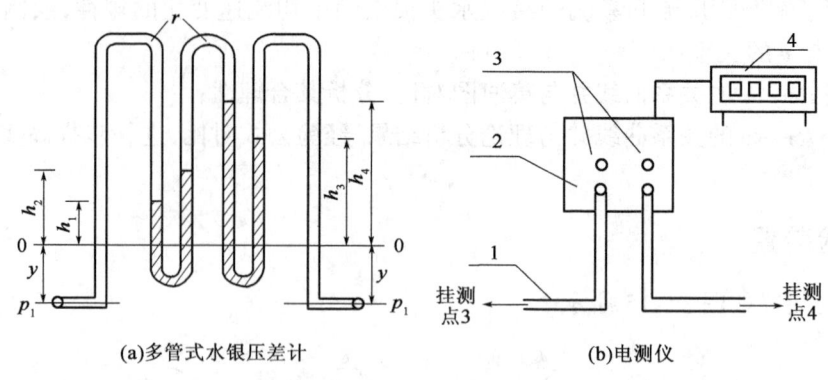

(a)多管式水银压差计　　(b)电测仪

图 3-16　多管式水银压差计及电测仪
1—压力传感器;2—排气旋钮;3—连通管;4—主机

停,从而造成供水压力的较大波动。为了避免这种情况出现,供水器设有与蓄水箱直通的旁通管(图中未标出),通过分流可使水泵持续稳定运行。旁通管中设有调节分流量至蓄水箱的阀门,即旁通阀,实验流量随旁通阀开度减小(分流量减小)而增大。实际上旁通阀又是本装置用以调节流量的重要阀门之一。

(3)稳压筒。为了简化排气,并防止实验中再进气,在传感器前连接由两只充水(不满顶)的密封立筒构成的稳压筒。

(4)电测仪。电测仪由压力传感器和主机两部分组成,经由连通管将其接入测点[图 3-16(b)],压差读数(以厘米水柱为单位)通过主机显示。

三、实验原理

根据能量方程,当流体流过长度为 L、直径为 d 的水平等径圆管时

$$h_f = (p_1 - p_2)/(\rho g) \tag{3-26}$$

式中　h_f——1、2 断面间的沿程阻力,m;
　　　p_1,p_2——测点 1、2 的压强,Pa;
　　　ρ——流体的密度,kg/m³。

压差可用压差计或电测仪测定。对于多管式水银压差,据水静力学基本方程及等压面原理有

$$p_1 - \rho_w g(y + h_1) + \rho_{Hg} g(h_1 - h_2) + \rho_w g(h_2 - h_3) + \rho_{Hg} g(h_3 - h_4) + \rho_w g(h_4 + y) = p_2 \tag{3-27}$$

由此得

$$\frac{p_1 - p_2}{\rho_w g} = h_f = \left(\frac{\rho_{Hg}}{\rho_w} - 1\right)(h_2 - h_1 + h_4 - h_3) = 12.6 \Delta h_m \tag{3-28}$$

其中　　　　　　　　　　$\Delta h_m = h_2 - h_1 + h_4 - h_3$

式中　Δh_m——汞柱总差,m;
　　　ρ_{Hg},ρ_w——水银和水的密度,kg/m³。

当阀门的开度一定时,测量一个压差和流量,再由压差和流量计算出沿程水头损失 h_f 和平均流速 v,改变阀门的开度,这样可测量出一系列沿程水头损失 h_f 和平均流速 v,再由 (h_{fi}, v_i) 可

绘制 $\lg h_f$—$\lg v$ 曲线,从而确定 h_f 与 v 的关系。

当管子的绝对粗糙度一定时,调节阀门的大小,测量一个压差和流量,再由压差和流量计算出沿程水头损失 h_f、平均流速和雷诺数 Re,改变阀门的开度,这样可测量出一系列沿程水头损失 h_f、平均流速 v 和雷诺数 Re,再由达西公式 $h_f = \lambda \dfrac{L}{d}\dfrac{v^2}{2g}$ 可计算出多组数据 (λ_i, Re_i),由数据 (λ_i, Re_i) 可绘制 Re—λ 的关系曲线。

四、实验方法与步骤

(1)实验准备。

①对照装置图和说明,掌握各组成部件的名称、作用及其工作原理;检查蓄水箱水位是否够高及旁通阀 12 是否已关闭。否则予以补水并关闭阀门 12,记录有关实验常数(工作管内径 d 和标志在蓄水箱上的实验管长 L)。

②启动水泵。本供水装置采用的是自动水泵,接通电源,全开阀 12,打开供水阀 11,水泵自动开启供水。

③调通测量系统。

(2)夹紧水压计止水夹,打开出水阀 10 和进水阀 11(逆时针方向),关闭旁通阀 12(顺时针方向),启动水泵排除管道中的气体。

(3)全开阀 12,关闭阀 10,松开水压计止水夹,并旋松水压计的旋塞,排除水压计中的气体。随后,关阀 11,开阀 10,使水压计的液面降至标尺零指示附近,即旋紧旋塞。再次开启阀 11 并立即关闭阀 10,稍候片刻检查水压计是否齐平,如不平则需重调。

(4)水压计齐平时,则可旋开电测仪排气旋钮,对电测仪的连接水管通水、排气,并将电测仪调至"000"显示。

(5)实验装置通水排气后,即可进行实验测量。在阀 12、阀 11 全开的前提下,逐次开大出水阀 10,每次调节流量时,均需稳定 2~3min,流量越小,稳定时间越长;测流时间不小于 8~10s;测流量的同时,需测记水压计(或电测仪)、温度计(温度表应挂在水箱中)等读数:

层流段:应在水压计 $\Delta h \sim 20$mm H_2O(夏季)[$\Delta h \sim 30$mm H_2O(冬季)]量程范围内,测记 3~5 组数据。

紊流段:夹紧水压计止水夹,开大流量,用电测仪记录 h_f 值,每次增量可按 $\Delta h \sim 100$mm H_2O 递加,直至测出最大的 h_f 值。阀的操作次序是当阀 11、阀 10 开至最大后,逐渐关阀 12,直至 h_f 显示最大值。

(6)结束实验前,应全开阀 12,关闭阀 10,检查水压计与电测仪是否指示为零,若均为零,则关闭阀 11,切断电源。否则,表明压力计已进气,需重做实验。

五、实验数据记录及处理

(1)有关常数。

实验装置台号 No. _____ ;圆管直径 d = _____ cm;测量段长度 L = 85cm。

(2)记录及计算(表 3-10)。

(3)利用 Excel 绘制 $\lg h_f$—$\lg v$ 的散点图,根据具体情况连成一段或几段直线,确定直线的

表 3-10 沿程损失实验数据记录及计算表

次序	体积 cm³	时间 s	流量 cm³/s	流速 cm/s	水温 ℃	黏度 cm²/s	雷诺数 Re	压差计、电测仪读数 cm		沿程损失 cm	沿程损失系数	$Re<2320$ $\lambda=64/Re$
								h_1	h_2			
1												
2												
3												
4												
5												
6												
7												
8												
9												
10												
11												
12												
13												
14												

斜率,其斜率即是 $h_f=kv^m$ 中指数 m 的大小。将从图上求得的 m 值与已知各流态下的 m 值(即层流 $m=1$,水力光滑区 $m=1.75$,水力粗糙区 $m=2.0$)进行比较,确定实验分析的准确性。

(4) 利用 Excel 绘制 $Re—\lambda$ 的关系曲线,确定层流情况下 $Re—\lambda$ 的关系,并与理论分析的结果进行比较。

六、思考题

(1) 为什么压差计的水柱差就是沿程水头损失?如实验管道安装成倾斜,是否影响实验成果?

(2) 据实测 m 值判别本实验的流区。

(3) 实际工程中钢管中的流动,大多为光滑紊流或紊流过渡区,而水电站泄洪洞的流动,大多为紊流阻力平方区,其原因何在?

(4) 管道的当量粗糙度如何测得?

(5) 本次实验结果与莫迪图吻合与否?试分析其原因。

七、本次实验的心得及建议

实验八 非牛顿流体流变参数测定实验

一、实验目的

(1) 了解旋转黏度计的工作原理；
(2) 学会使用 ZNN – D6 六速旋转黏度计；
(3) 掌握塑性流体、假塑性流体各种流变参数的测定方法，绘制非牛顿流体的流变曲线；
(4) 学会使用 Excel 绘制非牛顿流体的流变曲线、拟合流变方程。

二、实验装置

本实验装置如图 3 – 17 所示。

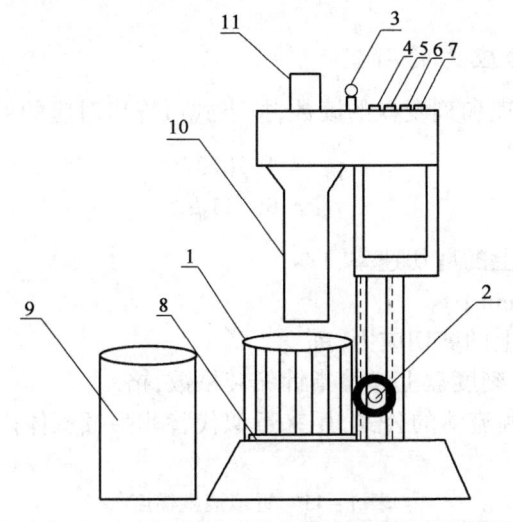

图 3 – 17 ZNN – D6 六速旋转黏度计示意图
1—电动机；2—手轮；3—指示灯；4—电源开关；5—停机键；
6—低速键；7—高速键；8—托盘；9—样品杯；
10—外筒；11—扭力弹簧护罩

三、实验原理

旋转黏度计外筒由同步电动机经变速齿轮带动旋转，内筒由一扭力弹簧悬挂着，由于黏性或流变性的影响，两筒环隙中的流体由外向内被依次带动，一层一层作同轴圆筒式旋转运动，越靠内筒的液层其角速度越小。内筒表面受到液体剪切力矩的作用,作一定角度的偏转,此偏转被扭力弹簧所平衡,并由刻度盘读数反映。这样,通过测定外筒转速和弹簧指针偏转格数可以确定流体的流变参数。

几种流体的流变曲线如图 3 – 18 所示。由于塑性体和假塑性体都需要计算两个流变参数,必须用一台旋转黏度计在不同的转速下进行两次读数,通常情况下在计算中采用 600r/min 和 300r/min 的读数。但当需要表示较低剪切速率下的流体特性时,可以采用在较低转速所取的读数来计算流变参数(可能存在误差)。由于本实验需要作出流变曲线,因此,各转速下的读数均要求读出。

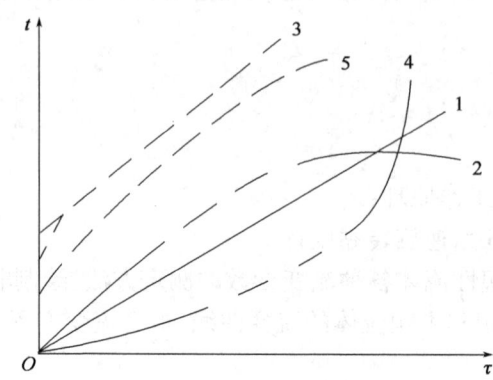

图 3 – 18 几种流体的流变曲线
1—牛顿体;2—假塑性体;3—塑性体;4—膨胀体;5—屈服假塑性体

1. 剪切速率与剪切应力的确定

根据旋转黏度计的转速和刻度盘的读数,按下式可算出对应的剪切速率和剪切应力:

$$\dot{\gamma}_b = 1.7023N \tag{3-29}$$

$$\tau_b = 0.511\phi_N \tag{3-30}$$

式中　$\dot{\gamma}_b$——内筒外侧壁上的剪切速率,1/s;

　　　N——外筒转速,r/min;

　　　τ_b——内筒外侧壁上的剪切应力,Pa;

　　　ϕ_N——在转速 N 下刻度盘上弹簧指针偏转格数,格。

式(3 – 29)实际是牛顿流体的公式,用来近似代替非牛顿流体内筒外侧壁上的速度梯度,见表 3 – 11。

表 3 – 11　近似速度梯度

转速 N,r/min	3	6	100	200	300	600
剪切速率 $\dot{\gamma}_b$,1/s	5.11	10.22	170	340	511	1022

2. 塑性流体流变参数

流性指数:
$$n = 3.322 \log \frac{\phi_{600}}{\phi_{300}} \tag{3-31}$$

稠度系数:
$$K = \frac{0.511\phi_{600}}{1022^n} \tag{3-32}$$

3. 塑性流体流变参数

塑性黏度： $\eta_p = 0.001(\phi_{600} - \phi_{300})$ (3-33)

动切应力(屈服值)： $\tau_0 = 0.511(2\phi_{300} - \phi_{600})$ (3-34)

静切应力： 1min 静切力 $\tau_{s1} = 0.511\phi_3$ (3-35)

10min 静切力 $\tau_{s10} = 0.511\phi_3$ (3-36)

4. 牛顿流体流变参数

对牛顿流体剪切速率与剪切应力具有线性关系，即

$$\phi_{600} = 2\phi_{300}$$ (3-37)

所以，牛顿流体的动力黏度为

$$\mu = 0.001(2\phi_{300} - \phi_{300}) = 0.001\phi_{300}$$ (3-38)

四、实验方法与步骤

(1) 实验前检查。

①检查旋转黏度计刻度指针是否对准刻度盘上的零线，否则应进行调整回零。

②逆时针转动外筒，且轻轻向下拉便可取下外筒。内筒与轴锥度配合，左手握住轴，右手轻旋内筒且向上或向下拉动，即可装上或卸下内筒。检查内筒是否装好，有无松弛晃动，内筒外表面和外筒内表面有无凹凸、磨损等损伤，以免影响测量精度，然后装上外筒，注意拧紧。

③接上黏度计电源(220V)，打开电源开关。提拨变速手柄挡位(图3-19)，分别按下高速键(蓝色指示灯亮)、低速键(绿色指示灯亮)，检查运转是否正常。挂上600r/min时，外筒应无明显摆动。注意体会三个档的提拨位置高度和每个档位下的高、低转速。然后按停机键(红灯亮)。

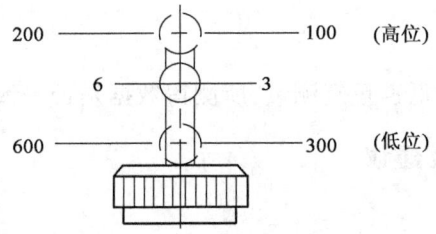

图3-19 变速手柄示意图

(2) 将已准备好的部分水解聚丙烯酰胺高聚物溶液倒入黏度计样品杯至刻度线处(350mL)。

(3) 置样品杯于托盘上，上升托盘使液面到达旋转外筒的红色刻度线处，拧紧手轮，打开电源，将变速手柄按下至最低位置。

(4) 按高速键，可得600r/min。待刻度盘指针稳定后，读取 ϕ_{600} 值。再按低速键，可得300r/min，从刻度盘读取 ϕ_{300} 值。

(5) 提拨变速手柄，分别置于最高位置和中间位置，重复步骤(4)，可依次得到200r/min 和 ϕ_{200} 值、100r/min 和 ϕ_{100} 值、6r/min 和 ϕ_6 值、3r/min 和 ϕ_3 值。

(6) 关闭电源，下降托盘，回收液体，清洗仪器。

(7) 将已准备好的膨润土泥浆倒入黏度计样品杯至刻度线处。

(8)重复步骤(3)~(5)。

(9)测量静切力时,使泥浆在600r/min下搅拌1min,变挡至3r/min,静止1min,读取ϕ_3的最大值;重新在600r/min搅拌1min,变挡至3r/min,静止10min,读取ϕ_3的最大值。

(10)实验完毕。关闭电源,下降托盘,回收液体,清洗仪器。

注意:(1)取卸、安装黏度计外筒时一定要小心,严防碰撞磨损;

(2)变换速度无须停机;

(3)由高速到低速进行测量,待刻度盘读数稳定后再读数。若测试液体为触变性液体,应在固定速度梯度下读取最小值。

五、实验数据记录与处理

(1)将实验数据记录至表3-12中。

表3-12 实验数据记录表

实验装置台号 NO._____;同组人_____。

实验试剂\格数	ϕ_{600}	ϕ_{300}	ϕ_{200}	ϕ_{100}	ϕ_6	
聚丙烯酰胺溶液						
膨润土泥浆						

1min ϕ_3 = _____格;
10min ϕ_3 = _____格。

(2)利用Excel作出该流体的τ—γ曲线,指出其符合假塑性流体还是塑性流体。

(3)利用Excel计算假塑性流体的流变参数;利用Excel计算塑性流体流变参数。

六、思考题

对塑性体而言,从高速到低速重复测量,所测得数据是否一致,为什么?

七、本次实验的心得及建议

实验九 水面曲线实验

一、实验目的

(1)观察棱柱体明渠恒定非均匀流的十二种水面曲线的形状;

(2)判断分析十二种水面曲线生成的条件。

二、实验装置

实验装置如图 3-20 所示。本实验装置采用新型高比速直齿电动机驱动的升降机构 1 来改变明槽底坡，以演示十二种水面曲线。按下升降机构 1 的升降开关，变坡水槽 9 即绕轴承 8 摆动，从而改变水槽的底坡。坡度值根据升降杆 2 的标尺值（▽）和轴承 8 与升降机上支点水平间距（L）算得；平坡可依底坡水准泡 5 判定。实验流量由可控硅无级调速器 12 调控，并用重量法（或体积法）测定。槽身设有两道闸板，用于调控上下游水位，以形成不同水面线型。闸板锁紧轮 4 用来夹紧闸板，使其定位。水深由垂向滑尺 3 测量。

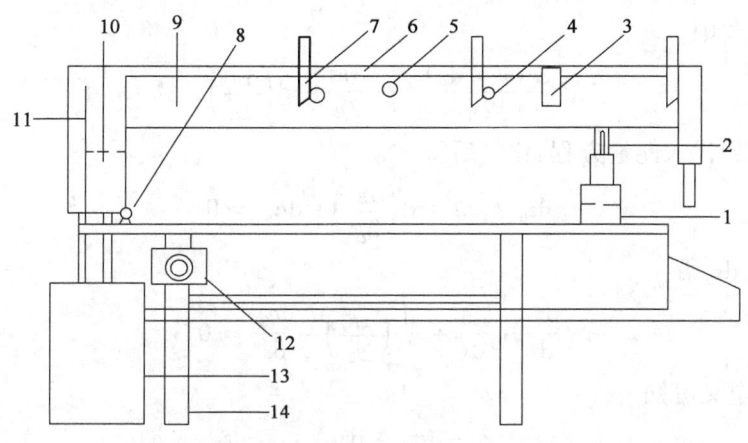

图 3-20 水面曲线实验装置示意图

1—升降机构；2—带标尺的升降杆；3—垂向滑尺；4—闸板锁紧轮；5—底坡水准泡；6—长度标尺；
7—闸板；8—变坡轴承；9—变坡水槽；10—稳水孔板；11—溢流板；
12—可控硅无级调速器；13—自循环供水器；14—实验台

三、实验原理

1. 棱柱体明渠恒定渐变流微分方程

图 3-21 所示为棱柱体明渠非均匀渐变流动。

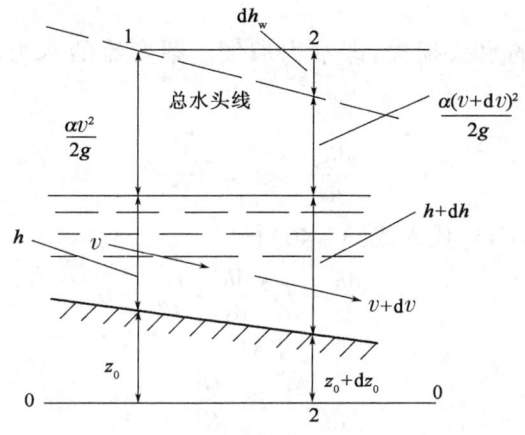

图 3-21 棱柱体明渠非均匀渐变流动

根据能量方程建立棱柱体明渠中水深 h 对流动距离 s 的微分方程。通过的流量为 Q，底坡为 i，基准面为 0—0。沿水流方向任选一流段 ds。上游端面 1 的水位为 z，水深为 h，端面平均流速为 v，渠底高程为 z_0；下游端面 2 的水位为 $z+dz$，水深为 $h+dh$，平均流速为 $v+dv$，渠底高程为 z_0+dz_0。明渠水流表面为大气压，故 $p_1 = p_2 = p_3 = 0$，两断面间水头损失为 dh_w。列两端面间的能量方程，有

$$z_0 + h + \frac{\alpha v^2}{2g} = (z_0 + dz_0) + (h + dh) + \frac{\alpha(v+dv)^2}{2g} + dh_w \tag{3-39}$$

其中
$$\frac{\alpha(v+dv)^2}{2g} = \frac{\alpha}{2g}[v^2 + 2vdv + (dv)^2] = \frac{\alpha}{2g}[v^2 + dv^2 + (dv)^2]$$

略去高次项 $(dv)^2$，则

$$\frac{\alpha(v+dv)^2}{2g} \approx \frac{\alpha v^2}{2g} + d\left(\frac{\alpha v^2}{2g}\right)$$

将此关系式回代入能量方程，化简后得

$$dz_0 + dh + d\left(\frac{\alpha v^2}{2g}\right) + dh_w = 0 \tag{3-40}$$

上式两边同除以 ds，得

$$\frac{dz_0}{ds} + \frac{dh}{ds} + \frac{d}{ds}\left(\frac{\alpha v^2}{2g}\right) + \frac{dh_w}{ds} = 0 \tag{3-41}$$

(1) 由底坡定义可知

$$i = \frac{z_0 - (z_0 + dz_0)}{ds} = -\frac{dz_0}{ds} \tag{3-42}$$

即

$$\frac{dz_0}{ds} = -i \tag{3-43}$$

(2) 流速水头增量沿流变化率

$$\frac{d}{ds}\left(\frac{\alpha v^2}{2g}\right) = \frac{d}{ds}\left(\frac{\alpha Q^2}{2gA^2}\right) = \frac{dQ^2}{gA^3}\frac{dA}{ds} \tag{3-44}$$

由于 $dA = Bdh$，所以

$$\frac{d}{ds}\left(\frac{\alpha v^2}{2g}\right) = -\frac{\alpha Q^2 B}{gA^3}\frac{dh}{ds} = -Fr^2 \frac{dh}{ds} \tag{3-45}$$

(3) $\dfrac{dh_w}{ds}$ 为单位距离的水头损失，即水力坡度。渐变流的水力坡度近似地用谢才公式计算：

$$\frac{dh_w}{ds} = J = \frac{Q^2}{K^2} \tag{3-46}$$

将式(3-43)~式(3-45)代入式(3-46)得

$$-i + \frac{dh}{ds} - Fr^2 \frac{dh}{ds} + \frac{Q^2}{K^2} = 0$$

整理得

$$\frac{dh}{ds} = \frac{i - \dfrac{Q^2}{K^2}}{1 - Fr^2} \tag{3-47}$$

式(3-47)即为棱柱体明渠恒定渐变流微分方程,它表示水深沿程变化规律,可用来分析水面曲线的形状。

2. 棱柱体明渠水面曲线的分区及临界底坡的计算

当棱柱体明渠通过的流量一定时,由于渠底坡度不同、明渠进出流边界条件的差异以及明渠中水工建筑物的影响,明渠中可以形成不同型式的水面曲线。根据不同的底坡及相应的正常水深线、临界水深线,可以把水面线可能发生的区域划分为12个,对应的水面线型式也就有12种。这12种水面曲线分别产生于五种不同底坡,即将实际底坡i与临界底坡i_c相比较,形成陡坡($i>i_c$)、缓坡($0<i<i_c$)、平坡($i=0$)、临界坡($i=i_c$)和逆坡($i<0$),如图3-22所示。

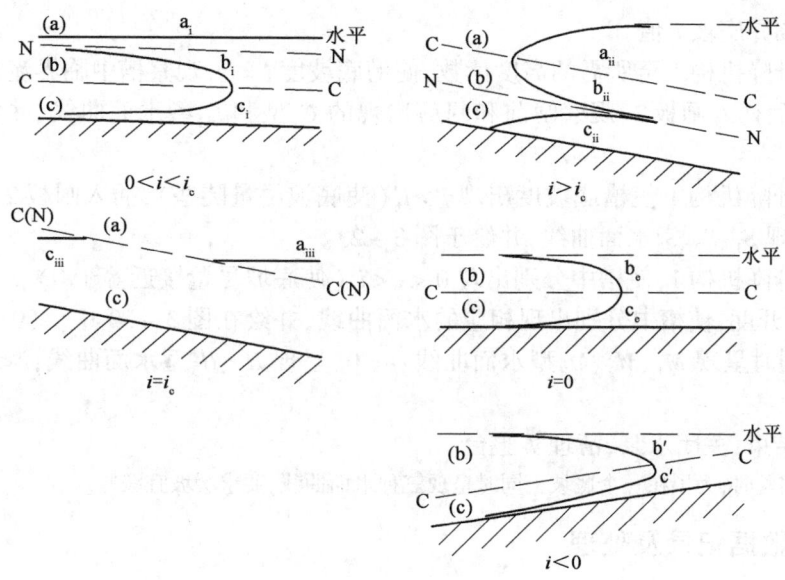

图3-22 水面曲线

实验时,必须先确定底坡性质,其中需要测定的,也是最关键的是平坡和临界坡。平坡可依据水准泡或升降标尺值判定。临界底坡的计算可由均匀流方程和临界水深水力关系式联立求解而得。当$h_0=h$时,$A_0=A_c$,$C_0=C_c$,$R_0=R_c$,$i_0=i_c$,因此有

$$Q = A_c C_c \sqrt{R_c i_c} \tag{3-48}$$

$$\frac{\alpha Q^2}{g} = \frac{A_c^3}{B_c} \tag{3-49}$$

联立上面两式可得

$$i_c = \frac{g}{\alpha C_c^2} \frac{X_c}{B_c} \tag{3-50}$$

其中

$$X_c = B_c + 2h_c$$

$$h_c = \left(\frac{\alpha Q^2}{g}\right)^{\frac{1}{3}}$$

$$C_c = \frac{1}{n} R_c^{\frac{1}{6}}$$

$$R_c = \frac{B_c h_c}{B_c + 2h_c}$$

式中　B_c,X_c,C_c,R_c——相应于临界水深 h_c 的水面宽、湿周、谢才系数及水力半径,m;
　　　n——粗糙率。

临界底坡 i_c 由式(3-50)确定后,保持流量不变,改变渠槽底坡,分别在不同坡度下调节闸板1和闸板2的开度,则可得到不同型式的水面曲线。

四、实验方法与步骤

(1)测量并记录设备的相关常数。

(2)开启水泵,调节可控硅无级调速器12使水流量最大,待稳定后测量过槽流量,测量三次取其平均值。

(3)计算临界底坡 i_c 值。

(4)操纵升降机构1至所需的高度读数,使槽底坡度 $i=i_c$,观察槽中临界流(均匀流)时的水面曲线。然后插入闸板2,观察闸前和闸后出现的 C_1 型和 C_3 型水面曲线,并将曲线绘制于图3-23。

(5)操纵升降机构1使槽底坡度出现 $i>i_c$(使底坡尽量陡些),插入闸板2,调节开度,使渠道上同时呈现 S_1、S_2、S_3 水面曲线,并绘于图3-23。

(6)操纵升降机构1,使槽中分别出现 $0<i<i_c$(使底坡尽量接近等于0)、$i=0$ 和 $i<0$,插入闸板1,调节开度,使槽中分别出现相应的水面曲线,并绘在图3-23中。($0<i<i_c$,闸板1开启适度,能同时呈现 M_1、M_2、M_3 型水面曲线;$i=0$,呈现 H_2、H_3 型水面曲线;$i<0$,呈现 A_2、A_3 型水面曲线。)

(7)实验结束,关闭水泵,清理实验台。

注:在以上实验时,为了在一个底坡上同时呈现三种水面曲线,要求缓坡宜缓些。

五、实验数据记录及处理

(1)数据记录及计算。

$B=$ _____ cm;$n=0.008$;$L=$ _____ cm。

表3-13　流量计算表

水体积 V,cm³			
时间 t,s			
流量 Q,cm³/s			$\overline{Q}=$

表3-14　临界底坡计算表

$\nabla=$ _____ cm

Q,cm³/s	h_c,m	A_c,m²	X_c,m	R_c,m	C_c,m$^{0.5}$/s	B_c,m	i_c

(2)定性绘制水面线并注明线型于图 3-23 上。

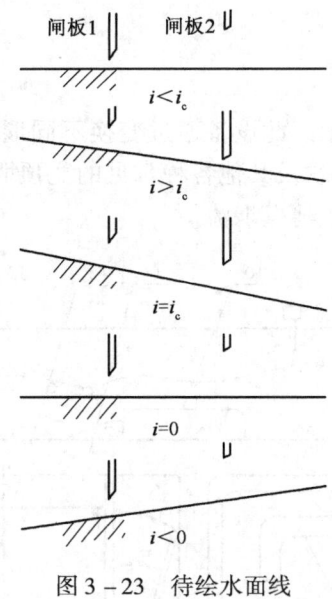

图 3-23 待绘水面线

六、思考题

(1)判别临界流除了采用 i_c 方法外,还有其他什么方法?

(2)分析计算水面线时,急流和缓流的控制断面应如何选择?为什么?

(3)在进行缓坡或陡坡实验时,为什么在接近临界底坡情况下,不容易同时出现三种水面线的流动方式?

(4)请利用本实验装置,独立构思测量活动水槽糙率 n 的实验方案(假定水槽中流动为阻力平方区)。

七、本次实验的心得及建议

实验十 堰流实验

一、实验目的

(1)观察水流跃过不同 $\dfrac{\delta}{H}$ 的有坎、无坎宽顶堰和实用堰的流动现象,以及下游水位变化对宽顶堰过流能力的影响;

(2)掌握测量堰流量系数 m 和淹没系数 σ 的实验方法,并测定无侧收缩宽顶堰的 m 及 σ 值。

二、实验装置

堰流实验设备如图 3-24 所示。此设备通过变换不同堰体,可演示各种堰流现象及其下游水面衔接形式,例如有侧收缩无坎及其他各种常见的宽顶堰流、底流、挑流、面流和戽流等现象。此外,还可演示平板闸下出流、薄壁堰流。

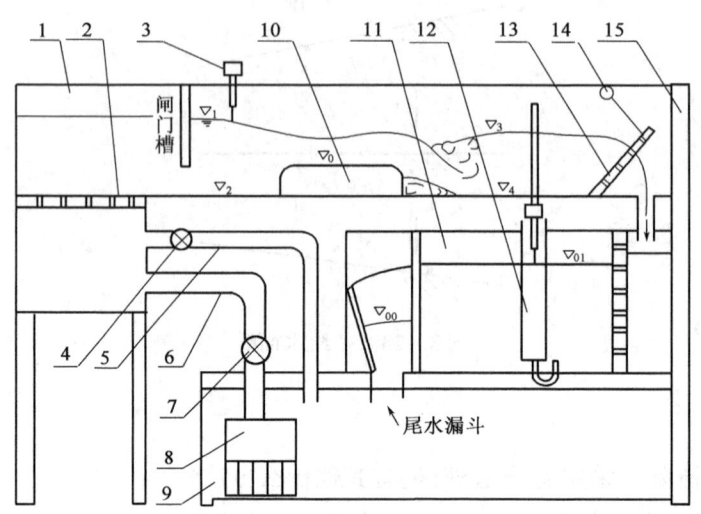

图 3-24 堰流实验设备示意图
1—有机玻璃实验水槽;2—稳水孔板;3—测针;4—旁通管微调门;5—旁通管;6—供水管;
7—供水流量调节阀;8—水泵;9—蓄水箱;10—实验堰;11—三角堰量水槽;
12—三角堰水位测针筒;13—多孔尾门;14—尾门升降轮;15—支架

设备自循环供水,回水储存在蓄水箱 9 中。实验时,由水泵 8 向有机玻璃实验水槽 1 供水,水流经三角堰量水槽 11,流回到蓄水箱 9 中。水槽前端有稳水、消波装置,末端有多孔尾门升降机构,槽中可换装各种堰、闸模型。堰闸上下游与三角堰量水槽水位分别用测针 3 和三角堰水位测针筒 12 测量。设备为测量三角堰堰顶高程配有专用校验器。

三、实验原理

1. 堰流流量公式

如图 3-25 所示,以矩形薄壁堰自由出流为例推导。

通过堰顶取基准面 0—0,在堰上游 $(3\sim4)H$ 处取渐变流断面 1,过基准面与水舌中线的交点取过水断面 2。据实验,断面 2 为渐变流断面,对断面 1,2 列能量方程:

$$z_1 + \frac{p_1}{\rho g} + \frac{\alpha_1 v_1^2}{2g} = z_2 + \frac{p_2}{\rho g} + \frac{\alpha_2 v_2^2}{2g} + h_w \qquad (3-51)$$

其中,$z_1 + \frac{p_1}{\rho g} = H$;$\alpha_1 = \alpha_0$;$v_1 = v_0$,$v_0$ 为行进流速;令 $H + \frac{\alpha_0 v_0^2}{2g} = H_0$ 为堰上总水头;断面 2 中点位于基准面上,$z_2 = 0$;水舌上、下表面与大气接触,可令 $p_2 = 0$;$\alpha_2 = \alpha$;$v_2 = v$;再取 $h_w = \zeta \frac{v^2}{2g}$,$\zeta$ 为

堰的局部水头损失系数。将以上关系代入能量方程得

$$H_0 = \frac{\alpha v^2}{2g} + \zeta \frac{v^2}{2g} \tag{3-52}$$

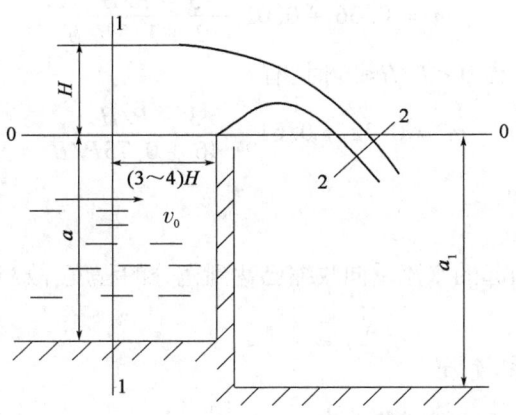

图 3-25 矩形薄壁堰自由出流

整理得

$$v = \frac{1}{\sqrt{\alpha + \zeta}} \sqrt{2gH_0} = \varphi \sqrt{2gH_0} \tag{3-53}$$

式中,$\varphi = \dfrac{1}{\sqrt{\alpha + \zeta}}$ 称为流速系数。由于动能校正系数 α 和局部水头损失系数 ζ 之和总是大于 1,故 $\varphi < 1$。

设断面 2 的水舌厚度为 kH_0,k 为与水舌垂向收缩情况有关的系数,而溢流宽度为 b,则过水断面 2 的面积 $A = kH_0 b$。通过堰的流量为

$$q_V = Av = kH_0 bv = \frac{k}{\sqrt{\alpha + \zeta}} b \sqrt{2g} H_0^{3/2} \tag{3-54}$$

令

$$m = \frac{k}{\sqrt{\alpha + \zeta}}$$

则

$$q_V = mb \sqrt{2g} H_0^{3/2} \tag{3-55}$$

式中 m——流量系数。

以上推导未考虑下游水位的淹没影响及侧收缩的影响,即式(3-55)为堰流无侧收缩自由出流的能量公式。若考虑淹没和侧收缩的影响,公式要再乘以淹没系数 σ 及侧收缩系数 ε,于是上式变为

$$q_V = \sigma mb \sqrt{2g} H_0^{\frac{3}{2}} \tag{3-56}$$

式(3-56)为堰流的普遍公式。

2. 三角堰的流量公式

$$q_V = Ah^B \tag{3-57}$$

其中

$$h = \nabla_{01} - \nabla_{00} \tag{3-58}$$

式中 ∇_{01},∇_{00}——三角堰堰顶水位(实测)和堰顶高程(实验时为常数);

A,B——率定常数,由设备制成后率定,标明于设备铭牌上。

3. 宽顶堰堰流流量系数 m（别列辛斯基经验公式）

（1）堰顶圆弧进口，当 $r/H \geq 0.2$ 时（r 为进口圆弧半径），有

$$m = 0.36 + 0.01 \frac{3 - P/H}{1.2 + 1.5 P/H} \quad (3-59)$$

（2）直角进口宽顶堰，当 $0 < P/H \leq 3$ 时，有

$$m = 0.32 + 0.01 \frac{3 - P/H}{0.46 + 0.75 P/H} \quad (3-60)$$

式中　P——上游堰高，cm；

　　　H——堰上水头，cm。

以上两式中，当堰高引起的水流垂向收缩已达到充分的程度，故当 $P/H \geq 3$ 时，仍以 $P/H = 3$ 代入公式中计算 m 值。

4. 宽顶堰的淹没系数 σ

由实验得出的宽顶堰淹没判别条件为

$$h_s/H_0 \geq 0.8 \quad (3-61)$$

式中　h_s——堰下游水位超过堰顶的高度，cm。

宽顶堰的淹没系数近似地可按表 3-15 查取。

表 3-15　宽顶堰淹没系数 σ 值

h_s/H_0	0.80	0.81	0.82	0.83	0.84	0.85	0.86	0.87	0.88	0.89
σ	1.00	0.995	0.99	0.98	0.97	0.96	0.95	0.93	0.90	0.87
h_s/H_0	0.90	0.91	0.92	0.93	0.94	0.95	0.96	0.97	0.98	
σ	0.84	0.81	0.78	0.74	0.70	0.65	0.59	0.50	0.40	

本实验需测量渠宽 b、上游渠底高程 ∇_2、堰顶高程 ∇_0、宽顶堰厚度 δ、流量 q_V、上游水位 ∇_1 及下游水位 ∇_3。还应检验是否符合宽顶堰条件 $2.5 < \delta/H < 10$。进而按下列各式计算确定上游堰高 P、行进流速 v_0、堰上水头 H 和堰上全水头 H_0：

$$P = \nabla_0 - \nabla_2 \quad (3-62)$$

$$V_0 = \frac{q_V}{b(\nabla_1 - \nabla_2)} \quad (3-63)$$

$$H = \nabla_1 - \nabla_0 \quad (3-64)$$

$$H_0 = H + \frac{\alpha_0 v_0^2}{2g} \quad (3-65)$$

式中，实验流量 q_V 由三角堰量水槽 5 测量。

四、实验方法与步骤（以宽顶堰为例）

（1）把设备各常数测量并记录于实验表格中。

（2）根据实验要求流量，调节供水流量调节阀 7 和下游尾门开度，使之形成堰下自由出流，同时满足 $2.5 < \delta/H < 10$ 的条件，待水流稳定后，观察宽顶堰自由出流的流动情况，定性绘出其水面线图。

（3）用测针 3 测量堰的上、下游水位。在实验过程中，不允许旋动测针针头。

（4）待三角堰和测针筒中的水位完全稳定后（大约 5min），测量记录测针筒中水位。

(5)改变进水阀门的开度,测量 4~6 个不同流量下的实验参数。

(6)调节尾门,抬高下游水位,使宽顶堰成淹没出流(满足 $h_s/H_0 \geq 0.8$)。测记流量 q'_V 及上、下游水位,改变流量重复 2 次。

(7)测算淹没系数,方法有两种。

方法一:根据步骤(6)测记的 q'_V 与 H 值,由式(3-56)确定 σ,式中 m 需根据 H 的值由自由出流下实验绘制的 $m-f_2(H)$ 曲线确定,也可由式(3-59)或式(3-60)计算而得(误差不大于 2%)。

方法二:在完成步骤(4),已测得自由出流下的 q_V 值后,调节尾门使之成淹没出流,此时由于流量没有改变,因淹没出流的影响,上游水位必高出原水位。为便于比较,可减小过水流量,待堰上游水位回复到原自由出流水位,测定此时的流量 q'_V,根据式(3-55)和式(3-56)可得 $\sigma = q'_V/q_V$。

选择以上任意一种方法,改变 h_s 重复 2 次。

五、实验数据记录及处理

(1)对堰流流量系数 m 的实测值与经验值进行分析比较。
(2)对宽顶堰淹没出流的实测淹没系数 σ_s 与经验值进行分析对比。
(3)完成下列实验报表:
①记录有关常数。
堰宽 $b =$ _____ cm;宽顶堰厚度 $\delta =$ _____ cm;上游堰底高程 $\nabla_2 =$ _____ cm;堰顶高程 $\nabla_2 =$ _____ cm;上游堰高 $P =$ _____ cm。
三角堰流量公式为:
$Q = Ah^B =$ _____ cm³/s;$h = \nabla_{01} - \nabla_{00} =$ _____ cm;其中,三角堰顶高程 $\nabla_{00} =$ _____ cm;$A =$ _____;$B =$ _____。
②流量系数测计(填入表 3-16 中)。

表 3-16 宽顶堰流量系数和淹没系数测计表

三角堰上游水位 ∇_{01} cm	实测流量 q_V cm³/s	堰上游水位 ∇_1 cm	堰上水头 H cm	行进流速 v_0 cm/s	流速水头 $v_0^2/(2g)$ cm	堰上全水头 H_0 cm	流量系数 m		堰下游水位 cm	下游水位超顶高 h_s cm	H_s/h_0	淹没系数 σ	
							实测值	经验值				实测值	经验值
直角进口													

续表

三角堰上游水位 ∇_{01} cm	实测流量 q_V cm³/s	堰上游水位 ∇_1 cm	堰上水头 H cm	行进流速 v_0 cm/s	流速水头 $v_0^2/(2g)$ cm	堰上全水头 H_0 cm	流量系数 m		堰下游水位 cm	下游水位超顶高 h_s cm	H_s/h_0	淹没系数 σ	
							实测值	经验值				实测值	经验值
圆弧进口													

六、思考题

(1) 测量堰上水头 H 值时，堰上游水位测针读数为何要在堰壁上游 $(3 \sim 4)H$ 附近处测读？

(2) 为什么宽顶堰要在 $2.5 < \delta/H < 10$ 的范围内进行实验？

(3) 有哪些因素影响实测流量系数的精度？如果行近流速水头略去不计，对实验结果会产生多大影响？

七、本次实验的心得及建议

实验十一　水　跃　实　验

一、实验目的

(1) 观察三种类型的水跃和水跃现象的特征；

(2) 检验平坡矩形明槽自由水跃共轭水深理论关系的合理性，并将实测值与理论计算值进行比较，测定跃长，检验跃长经验公式的可靠性；

(3) 了解水跃的消能效果；

(4) 比较五种不同形态水跃的流动特征。

二、实验装置

水跃实验槽如图 3-26 所示。堰流实验示意图如图 3-27 所示。

堰、闸出流均可产生水跃。若以堰流做水跃实验(实验十)时，虽能进行一般水跃实验，包括共轭水深关系、跃长、消能率的实验，但由于堰上水位 ∇_1 完全取决于实验流量 Q，Fr(弗劳德数)可调范围较窄，不足以进行五种形态水跃的流动特征实验。故通常采用闸下出流作水跃实验。

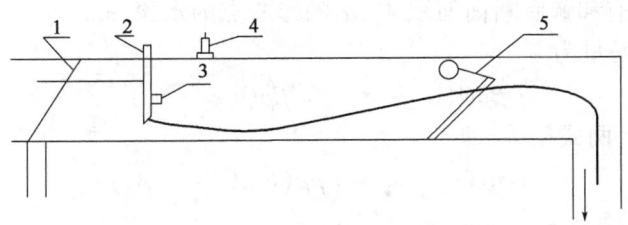

图 3-26 水跃实验槽示意图
1—稳水孔板;2—闸板;3—高程标志块;4—测针;5—多孔尾门

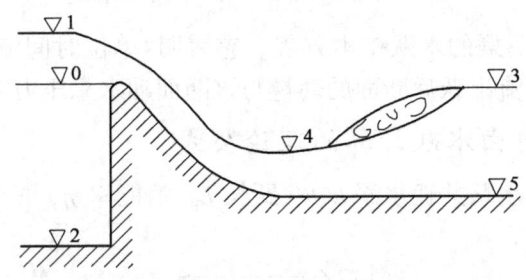

图 3-27 堰流实验示意图

闸下出流除可调节尾门改变下游水位▽₃,还可通过调节闸板 2 的开度,改变堰顶水位 ▽₁,不仅可得到临界、远驱、淹没三种类型的水跃,并能较大幅度地改变 Fr,从而演示上述五种形态水跃的流动特征。

本实验流量由图 3-24 中三角堰量水槽 11 测量,水位由测针 3 测量。

三、实验原理

1. 水跃基本方程

由于水跃的能量损失很大,不可忽略,但又是未知的,所以不能应用能量方程。现用动量方程推求恒定流平底棱柱体明渠中的水跃基本方程。

在推导过程中,作如下假设:

(1) 忽略明渠对水流的摩擦阻力 T;

(2) 跃前与跃后两个过流断面均为渐变流断面,因而断面上动水压力可按静水压力公式计算;

(3) 跃前与跃后两个过水断面上的动量校正系数相等,即 $\beta_1 = \beta_2 = \beta$。

取断面 1、2 间的区域为控制体积,如图 3-28 中斜线部分,作用在其中液体上的外力有两个断面上动水压力 P_1、P_2,渠底及侧壁约束反力 N。摩擦阻力 T 及重力 G。其中 G、N 均垂直于流向 x 轴,投影为 0。而按假设,$T=0$。所以外力在 x 轴投影之和为

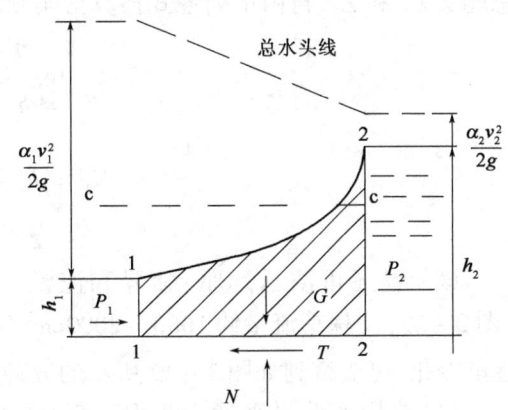

图 3-28 恒定流平底棱柱体明渠

$$\sum F_x = P_1 - P_2 = \rho g h_{c1} A_1 - \rho g h_{c2} A_2 \tag{3-66}$$

式中 h_{c1}，h_{c2}——跃前和跃后断面面积 A_1、A_2 的形心点的水深，m。

x 方向上的动量增量为

$$\beta\rho Q(v_{2x} - v_{1x}) = \beta\rho Q(v_2 - v_1) \tag{3-67}$$

根据动量方程，上两式相等，即

$$\beta\rho Q(v_2 - v_1) = \rho g(h_{c1}A_1 - h_{c2}A_2) \tag{3-68}$$

用 $v_1 = \dfrac{Q}{A_1}$ 和 $v_2 = \dfrac{Q}{A_2}$ 代入上式并整理，得

$$\frac{\rho\beta Q^2}{A_1} + \rho g h_{c1} A_1 = \frac{\rho\beta Q^2}{A_2} + \rho g h_{c2} A_2 \tag{3-69}$$

式(3-69)为平底棱柱体明渠的水跃基本方程。它表明：单位时间流入跃前断面的动量与该断面动水总压力之和等于流出跃后断面的动量与该断面动水总压力之和。

2. 平坡矩形槽中自由水跃计算的理论公式

通过实验可测定完整水跃共轭水深 h、h'、跃长 L_B、消能率 η，并可验证平坡矩形槽中自由水跃计算的下列理论公式：

$$h = \frac{h'}{2}\left(\sqrt{1 + 8\frac{\alpha q^2}{gh'^3}} - 1\right) \tag{3-70}$$

$$L_B = 6.1 h' \tag{3-71}$$

$$\Delta H_j = \frac{(h' - h)^3}{4hh'} \tag{3-72}$$

$$\eta = \Delta H_j / H_1 \tag{3-73}$$

其中

$$H_1 = h + \alpha v_1^2/(2g)$$

式中 ΔH_j——水跃的能量损失；
H_1——跃前断面总能头。

为测定消能率，可选平坡渠底为基准，然后由槽宽 b 和实测的 h、h' 值确定水跃前后断面的总能头 E_1 和 E_2，再由下列各式换算得实测消能率 η'：

$$\eta' = \Delta H/E_1 \tag{3-74}$$

$$E_1 = h + \alpha\left(\frac{Q}{bh}\right)^2 / (2g) \tag{3-75}$$

$$E_2 = h' + \alpha\left(\frac{Q}{bh'}\right)^2 / (2g) \tag{3-76}$$

$$\Delta E = E_1 - E_2 \tag{3-77}$$

该装置还可演示远驱、临界和淹没三种水跃以及按 Fr 不同而区分的五种形态水跃（图3-29）。保持流量约 $1000\sim2000\text{cm}^3/\text{s}$ 不变，调节闸板开度，使闸下跃前的 Fr 由 $1\sim10$ 逐渐变化，可观察到如图3-29所示的五种形态水跃。其中 $Fr = v_1/\sqrt{gh}$，各种水跃特征如下：

（1）波状水跃：水流表面呈现逐渐衰减的波形，无表面旋滚，消能率低，波动距离远。

（2）弱水跃：水跃表面形成一连串小的表面旋滚，但跃后水面较平稳，其消能率低于 20%。

（3）不稳定水跃：流态不稳定，底部主流间歇性地向上窜升，旋滚随时间摆动不定，跃后水面波动较大，且向下游传播较远。

（4）稳定水跃：水跃稳定，跃后水面也较平稳，消能率可达 46%~70%，是底流消能较理想

的流态。

（5）强水跃：流态汹涌，表面旋滚强烈，高速主流夹带间歇发生的漩涡不断滚向下游，产生较大的水面波动，影响较远，消能率可达70%以上，但消能工的造价高。一般当$Fr>13$时，因底流消能工更昂贵，宜改用挑流或其他形式消能。

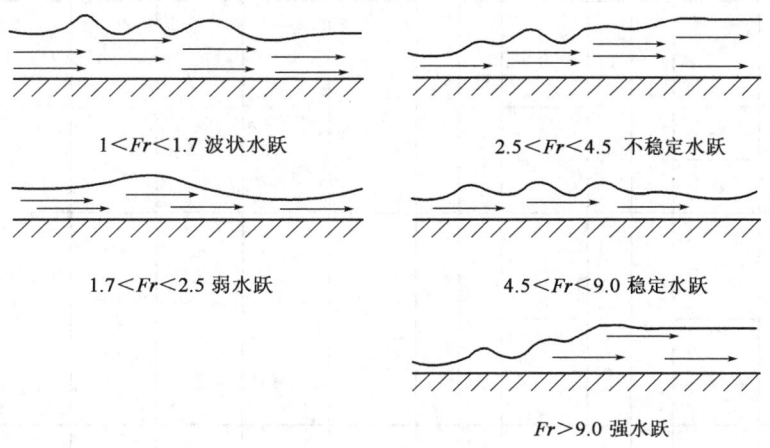

图 3-29 五种形态水跃

四、实验方法与步骤

（1）测记有关固定常数。

（2）打开进水阀门，并适当开启闸板，待上游水位稳定后，再调节尾门，分别使闸下发生三种类型水跃，即远驱式、临界式和淹没式水跃；仔细观察水跃现象，并分别绘出其示意图。

（3）调控进水阀门开度，使下游产生完全水跃，分别测记三角堰测针读数、共轭水深和跃长（测量共轭水深需用断面三点平均）。

（4）调节流量 $Q=800\sim1000\,cm^3/s$ 左右，闸板开度 $e=0.5\sim1\,cm$，同时调控阀门，使闸上水位在测针可读范围内最高，测记 Fr，观察 $Fr>9$ 时的强水跃特征。

（5）适当调小 e，使 $4.5<Fr<9$，调节尾门使之形成稳定水跃，然后增大流量（$4000\,cm^3/s$ 左右），调节开度 e 与尾门高度，依次形成不稳定水跃、弱水跃、波状水跃。并观察其消能效果和流动特征。

五、实验数据记录及处理

（1）测试记录实验数据，填于表 3-17。

（2）以 $Fr_1=v_1/\sqrt{gh}$（v_1 跃前断面平均流速）为横坐标，$\eta=h'/h$ 为纵坐标，画出用计算公式求得的理论曲线和实验值比较，并进行分析讨论。

（3）按经验公式算得跃长，并和实测值进行比较。

（4）计算相应的 ΔH_j 和 $\Delta H_j/H_1$，进行分析讨论。

（5）定性绘制上游至水跃后段的总能头线。

六、思考题

（1）测量水深时，水位有波动，应如何取其平均值？

表 3-17 水跃实验测计表

三角堰测针读数 ∇_{01} cm	实验流量 Q cm³/s	跃前水深,cm		跃后水深,cm		水跃长度,cm		水跃损失 ΔH_j cm	跃前水头 H_1 cm	消能率 $\eta = \dfrac{\Delta H_j}{H_1}$	Fr
		水面读数 ∇_3	实测均值 $\nabla_3 h'$	水面读数 ∇_5	实测均值 $\nabla_5 h''$	计算值 h''	实测值 L'_B	计算值 L_B			

(2) 如何判断跃前水深和跃后水深的位置？怎样测量水跃长度？

(3) 在同一流量下,为什么调节下游尾门可出现三种不同类型的水跃？另当尾门不变时,能否用其他方法获得三种类型的水跃？

(4) 五种形态水跃中哪种水跃的消能效果较好？为什么实际工程中大多采用稳定水跃？

七、本次实验的心得及建议

实验十二 自循环流动演示实验

一、实验目的

通过演示逐渐扩散、逐渐收缩、突然扩大、突然收缩、壁面冲击、直角弯道等平面上的流动图像,模拟串联管道纵剖面流谱,以使对边界层的分离、旋涡的产生、"附壁效应"等重要的流体力学现象有进一步了解。

二、实验装置

本实验装置为如图 3-30 所示的壁挂式自循环流动演示仪 7 台(ZL-1 型至 ZL-7 型)。开机后需等待 1~2min 使流道气体排净后再实验,否则仪器不能正常工作。

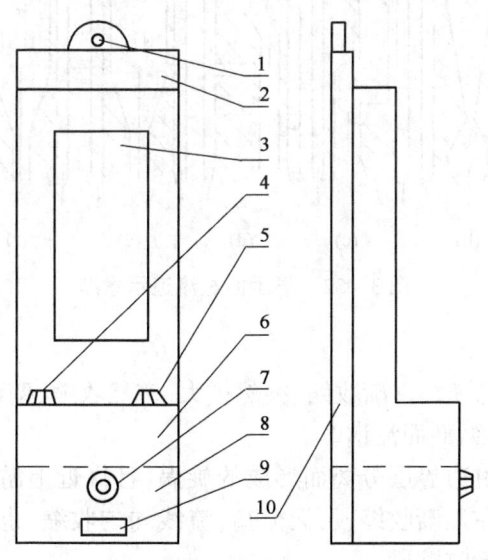

图 3-30 壁挂式自循环流动演示仪结构示意图
1—挂孔;2—彩色有机玻璃面罩;3—不同边界的流动显示图;4—加水孔孔盖;
5—掺气量调节阀;6—蓄水箱;7—可控硅无级调速旋钮;8—电器、水泵室;
9—标牌;10—铝合金框架后盖

三、实验原理

壁挂式自循环流动演示仪流程如图 3-31 所示。仪器以气泡为示踪介质,气泡粒径大小、掺气量由掺气量调节阀 5 调节,显示器设有特定边界流场的狭缝流道,可显示内流、外流、射流元件以及分离、层流、旋涡等多种流动图谱。七台实验仪具体演示内容分别如下(图 3-32)。

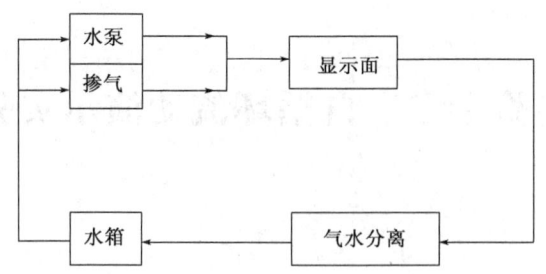

图 3-31 壁挂式自循环流动演示仪流程图

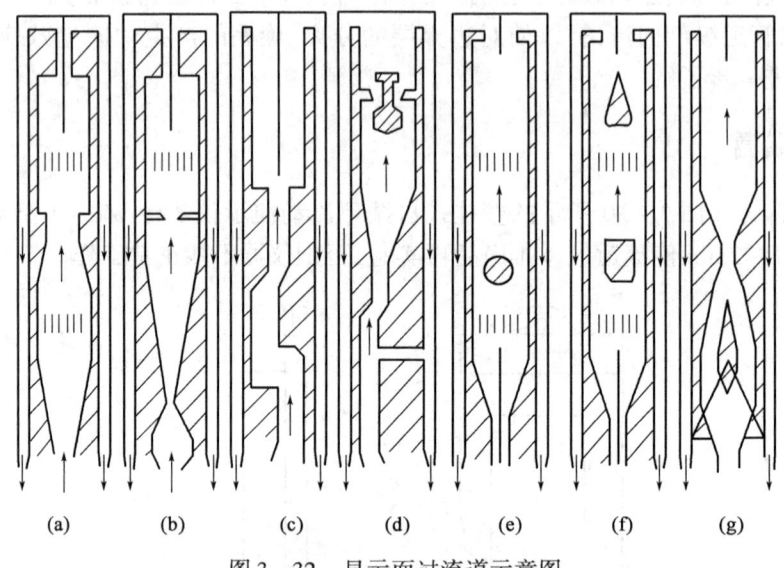

图 3-32 显示面过流道示意图

1. ZL-1 型

图 3-32(a)显示逐渐扩散、逐渐收缩、突然扩大、突然收缩、壁面冲击、直角弯道等平面上的流动图像,模拟串联管道纵剖面流谱。

在逐渐扩散段可看到由边界层分离而形成的旋涡,且靠近上游喉颈处,流速越大,涡旋尺度越小,紊动强度越高;而在逐渐收缩段,无分离,流线均匀收缩,也无旋涡,由此可知,逐渐扩散段局部水头损失大于逐渐收缩段。

在突然扩大段出现较大的旋涡区;而突然收缩段只在死角处和收缩断面后的进口附近出现较小的旋涡区,表明突扩段比突缩段有较大的局部水头损失(缩扩的直径比大于 0.7 时例外),而且突缩段的水头损失主要发生在突缩断面后部。

由于本仪器突缩段较短,故其流谱也可视为直角进口管嘴的流动图像。在管嘴进口附近,流线明显收缩,并有旋涡产生,致使有效过流断面减小,流速增大,从而在收缩断面出现真空。在直角弯道和壁面冲击段,也有多处旋涡区出现。尤其在弯道流中,流线弯曲更剧烈,越靠近弯道内侧,流速越小。且近内壁处,出现明显的回流,所形成的回流范围较大,将此与 ZL-2 型圆角转弯流动对比,直角弯道旋涡大,回流更加明显。

旋涡的大小和紊动强度与流速有关。这可通过流量调节观察对比,如流量减小,渐扩段流速较小,其紊动强度也较小,这时可看到在整个渐扩段有明显的单个大尺度涡旋。反之,当流量增大时,这单个大尺度涡旋随之破碎,并形成无数个小尺度的涡旋,且流速越高,紊动强度越大,则旋涡越小,可以看到,几乎每一个质点都在其附近激烈地旋转着。又如,在突扩段,也可看到旋涡尺度的变化。据此清楚表明:紊动强度越大,涡旋尺度小,几乎每一个质点都在其附近激烈地旋转着。由于水质点间的内摩擦越厉害,水头损失就越大。

2. ZL-2 型

图 3-32(b)显示文丘里流量计、孔板流量计、圆弧进口管嘴流量计以及壁面冲击、圆弧形弯道等串联流道纵剖面上的流动图像。

由显示可见,文丘里流量计的过流顺畅,流线顺直,无边界层分离和旋涡产生;在孔板前,流线逐渐收缩,汇集于孔板的孔口处,只在拐角处有小旋涡出现,孔板后的水流逐渐扩散,并在主流区的周围形成较大的旋涡区,由此可知,孔板流量计的过流阻力较大;圆弧进口管嘴流量计入流顺畅,管嘴过流段上无边界层分离和旋涡产生;在圆形弯道段,边界层分离的现象及分离点明显可见,与直角弯道比较,流线较顺畅,旋涡发生点少。

3. ZL-3 型

图 3-32(c)显示 30°弯头、直角弯头、45°弯头以及非自由射流等流段纵剖面上的流动图像。

由显示可见,在每一转弯的后面,都因边界层分离而产生旋涡。转变角度不同,旋涡大小、形状各异。在圆弧转弯段,流线较顺畅,该串联管道上,还显示了局部水头损失叠加影响的图谱。在非自由射流段,射流离开喷口后,不断卷吸周围的流体,形成射流的紊动扩散,在此流段上还可看到射流的"附壁效应"现象。

综上所述,该仪器可演示的主要流动现象为:

(1)各种弯道和水头损失的关系。

(2)短管串联管道局部水头损失的叠加影响。这是计算短管局部水头损失时,各单个局部水头损失之和并不一定等于管道总局部水头损失的原因所在。

(3)非自由射流。据专业的不同可分别侧重于紊动扩散、旋涡形态或射流的附壁效应等;例对水工、河港等专业的学生,可结合河道的冲淤问题加以解说。从该装置的一半看(以中间导流杆为界),若把导流杆当作一侧河岸,主流沿河岸高速流动。由显示可见,该河岸受到水流的严重冲刷。而在主流的外侧,产生大速度回旋,使另一侧河岸也受到局部淘刷。在喷嘴附近的回流死角处,因流速小,紊动度小,则出现淤积。这些现象在天然河道里是常有的。又如对热工和化工等专业的学生,则可侧重于紊动扩散和介质传输。对暖通专业的学生,则可侧重于通风口布置对紊掺均匀度的影响等。

4. ZL-4 型

图 3-32(d)显示 30°弯头、分流、合流、45°弯头、YF 溢流阀、闸阀及蝶阀等流段纵剖面上的流动图谱,其中 YF 溢流阀固定为全开状态,蝶阀活动可调。

由显示可见,在转弯、分流、合流等过流段上,有不同形态的旋涡出现。合流涡旋较为典型,明显干扰主流,使主流受阻。闸阀半开时,尾部旋涡区较大,水头损失也大。蝶阀全开时,过流顺畅,阻力小;半开时,尾涡紊动激烈,表明阻力大且易引起振动。蝶阀通常作检修用,故只允许全开或全关。YF 溢流阀结构和流态均较复杂,详如下所述。

YF 溢流阀广泛用于液压传动系统,其流动介质通常是油,阀门前后压差可高达 315bar,阀道处的流速每秒可高达二百多米。本装置流动介质是水,为了与实际阀门的流动相似(雷诺数相同),在阀门前加一减压分流,该装置能十分清晰地显示阀门前后的流动形态:高速流体经阀口喷出后,在阀蕊的大反弧段发生边界层分离,出现一圈旋涡带;在射流和阀座的出口处,也产生一较大的旋涡环带;在阀后,尾迹区大而复杂,并有随机的卡门涡街产生;经阀蕊部流过的小股流体也在尾迹区产生不规则的左右扰动,调节过流量后,旋涡的形态仍然不变。该阀门在工作中,由于旋涡带的存在,必然会产生较激烈的振动,尤其是阀蕊反弧段上的旋涡带,影响更大。由于高速紊动流体的随机脉动,必然要引起旋涡区真空度的脉动,这一脉动压力直接作用在阀蕊上,引起阀蕊的振动,而阀蕊的振动又作用于流体的脉动和旋涡区的压力脉动,因而引起阀的更激烈振动。显然这是一个很重要的振源,而且这一旋涡带还可能引起阀蕊的空蚀破坏。另外,显示还表明,阀蕊的受力情况也不太好。

5. ZL-5型

图3-32(e)显示明渠逐渐扩散、单圆柱绕流、多圆柱绕流及直线弯道等流段的流动图像。圆柱绕流是该型演示仪的特征流谱。

由显示可见单圆柱绕流时的边界层分离状况、分离点位置、卡门涡街的产生与发展过程以及多圆柱绕流时的流体混合、扩散、组合旋涡等流谱,现分述如下:

(1)驻滞点。观察流经前驻滞点的小气泡,可见流速的变化由 $v_0 \to 0 \to v_{max}$,流动在驻滞点上明显停滞(可结合说明能量的转化及毕托管测速原理)。

(2)边界层分离。结合显示图谱,说明边界层、转捩点概念并观察边界层分离现象,边界层分离后的回流形态以及圆柱绕流转捩点的位置。边界层分离将引起较大的能量损失。结合渐扩段的边界层分离现象,还可说明边界层分离后会产生局部低压,以至于有可能出现空化和空蚀破坏现象。

(3)卡门涡街。圆柱的轴与来流方向垂直,在圆柱的两个对称点上产生边层分离后,不断交替在两侧产生旋转方向相反的旋涡,并流向下游,形成卡门涡街。

对卡门涡街的研究,在工程实际中有很重要的意义。每当一个旋涡脱离开柱体时,根据汤姆逊(Tomson)环量不变的定理,必然在柱体上产生一个与旋涡所具有的环量大小相等方向相反的环量,这个环量使绕流体产生横向力,即升力。注意到在柱体的两侧交替产生着旋转方向相反的旋涡,因此柱体上的环量的符号也交替变化,横向力的方向也交替变化。这样就使柱体产生了一定频率的横向振动,若该频率接近柱体的自振频率,就可能产生共振,为此常采取一些工程措施加以解决。

应用方面,可举卡门涡街流量计,参照流动图谱加以说明。从圆柱绕流的图谱可见,卡门涡街的频率不仅与 Re 有关,也与管流的过流量有关。若在绕流柱上,过圆心打一与来流方向相垂直的通道,在通道中装设热丝等敏感测量元件,则可测得由于交变升力引起的流速脉动频率,根据频率就可测出管道的流量。

卡门涡街引起的振动及其实例:观察涡街现象,说明升力产生的原理,那么绕流体为何会产生振动以及为什么振动方向与来流方向相垂直等问题也就迎刃而解了。作为实例,如风吹电线,电线会发出共鸣(风振);潜艇在行进中,潜望镜会发生振动;高建筑(高烟囱等)在大风中会发生振动等,其根源皆出于卡门涡街。

(4)多圆柱绕流。被广泛用于热工中的传热系统的"冷凝器"及其他工业管道的热交换器等,流体流经圆柱时,边界层内的流体和柱体发生热交换,柱体后的旋涡则起混掺作用,然后流经下一柱体,再交换再混掺,换热效果较佳。另外,对于高层建筑群,也有类似的流动图像,即当高层建筑群承受大风袭击时,建筑物周围也会出现复杂的风向和组合气旋,即使在独立的高建筑物下游附近,也会出现分离和尾流,这应引起建筑师的重视。

6. ZL-6 型

图 3-32(f)显示明渠渐扩、桥墩形钝体绕流、流线体绕流直角弯道和正、反流线体绕流等流段上的流动图谱。

(1) 桥墩形柱体绕流。该绕流体为圆头方尾的钝形体,水流脱离桥墩后,形成一个旋涡区——尾流,在尾流区两侧产生旋向相反且不断交替的旋涡,即卡门涡街。与圆柱绕流不同的是,该涡街的频率具有较明显的随机性。

对比观察圆柱绕流和该钝体绕流可见:前者涡街频率 f 在 Re 不变时它也不变;而后者,即使 Re 不变 f 却随机变化。由此说明了圆柱绕流频率可由公式计算,而非圆柱绕流频率一般不能计算的原因。

解决绕流体的振动问题途径有三:①改变流速;②改变绕流体自振频率;③改变绕流体结构形式,以破坏涡街的固定频率,避免共振。北大力学系曾据此成功地解决了一例 120m 烟囱的风振问题,其措施是在烟囱的外表加了几道螺纹形突体,从而破坏了圆柱绕流时的卡门涡街的结构并改变了它的频率,结果消除了风振。

(2) 流线型柱体绕流。这是绕流体的最好形式,流动顺畅,形体阻力最小。又从对比正、反流线体流动可见,当流线体倒置时,也出现卡门涡街。因此,为使过流平稳,应采用顺流而放的圆头尖尾形柱体。

7. ZL-7 型

图 3-32(g)显示,这是一只"双稳放大射流阀"流动原理显示仪。只要给一个小信号(气流),即旋转仪器表面控制圆盘使气道与圆盘气孔相对应,便能输出一个大信号(射流),并能把脉冲小信号保持记录下来,再转动圆盘切断气流,射流稳定于原通道不变。这种装置在连续流中可利用工作介质直接控制液位。

由演示所见的射流附壁现象,又被称作"附壁效应"。利用附壁效应可制成"或门""非门""或非门"等各种射流元件,并可把它们组成自动控制系统或自动检测系统。由于射流元件不受外界电磁干扰,较之电子自控元件有其独特的优点,故在军工方面也有它的用途。1962年在浙江嘉兴 22000m 高空用导弹击落的 U-2 型高空侦察机,所用的自控系统就由这种射流元件组成。

四、思考题

(1) 在 ZL-1 型中,对渐扩段与渐缩段以及突扩段与突缩段的流动现象进行比较,就水头损失而言可得出什么结论?

(2) 在 ZL-2 型中,三种流量计的结构、优缺点及其用途是什么?

(3) 在 ZL-3 型中,转弯角度与旋涡大小、形状的关系是什么?

(4) 对 ZL-4 型,描述在转弯、分流、合流等流段上的不同形态的旋涡及对流动的影响。

(5) 对 ZL-5 型,描述单圆柱绕流时的驻滞点,边界层分离状况,分离位置、卡门涡街的产生与发展过程以及多圆柱绕流时的流体混合、扩散、组合旋涡这样一些流谱。

(6) 对 ZL-6 型,非单圆柱体绕流是否会产生卡门涡街?

五、本次实验的心得及建议

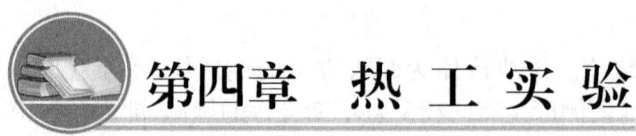

第四章 热工实验

实验一 理想气体绝热指数测定实验

一、实验目的

(1) 了解气体绝热指数测定装置的基本原理和构思;
(2) 熟悉本实验中测温、测压、测热、测流量的方法;
(3) 掌握由基本数据计算出比热容的公式和方法;
(4) 分析本实验产生误差的原因及减小误差的可能途径。

二、实验装置

本实验装置如图 4-1 所示。

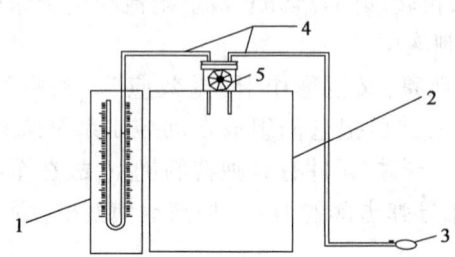

图 4-1 气体比热测定实验装置图
1—U 形管测压计;2—气体容器;3—洗耳球;
4—连接软管;5—阀门

三、实验原理

刚性容器中的理想气体在绝热放气过程中,容器内剩余气体经历的过程可视为定熵过程。
原因说明如下:
理想气体状态方程为

$$pV = mR_g T \tag{4-1}$$

式中 p——绝对压强,Pa;
V——体积,m^3;

·82·

m——质量,kg;
R_g——气体常数,J/(kg·K);
T——热力学温度,K。

其微分方程可以表示为

$$\frac{dp}{p} + \frac{dV}{V} = \frac{dm}{m} + \frac{dT}{T} \tag{4-2}$$

对于刚性容器 $dV=0$,故上式变形为

$$\frac{dm}{m} = \frac{dp}{p} - \frac{dT}{T} \tag{4-3}$$

由开口系统能量方程

$$\delta Q = dU + h_e \delta m_e - h_i \delta m_i + \delta W_s \tag{4-4}$$

式中　Q——吸热量,J;
U——内能,J;
h_e——出口比焓,J/kg;
m_e——流出质量,kg;
h_i——进口比焓,J/kg;
m_i——流入质量,kg;
W_s——轴功,J。

对于实验装置 $\delta Q = 0, \delta W_s = 0, \delta m_i = 0$,则上式中

$$dU = d(mu) = mdu + udm$$

$$\Delta m_e = -dm, \quad T_e = T$$

因此

$$mdu = h_e dm - udm$$

$$mc_{v0}dT = c_{p0}Tdm - c_{v0}Tdm$$

$$\frac{dm}{m} = \frac{c_{v0}dT}{(c_{p0} - c_{v0})T} = \frac{1}{\gamma - 1}\frac{dT}{T} \tag{4-5}$$

其中

$$\gamma = \frac{c_{p0}}{c_{v0}}$$

式中　m——质量,kg;
c_{p0}——比定压热容,J/(kg·K);
c_{v0}——比定容热容,J/(kg·K);
γ——绝热指数。

将式(4-5)带入式(4-3)得

$$\frac{dp}{p} = \frac{dT}{T}\left(\frac{1}{\gamma - 1} + 1\right) = \frac{dT}{T}\frac{\gamma}{\gamma - 1} \tag{4-6}$$

积分有

$$\frac{T}{p^{\frac{\gamma-1}{\gamma}}} = C \tag{4-7}$$

将理想气体状态方程 $pv = R_g T$ 带入式(4-7)消去 T,可以得到

$$pv^\gamma = C \tag{4-8}$$

上式其实就是理想气体定熵过程的过程方程式,故刚性容器绝热放气时,剩余气体经历的是定熵过程,有

$$\frac{p_2}{p_1} = \left(\frac{v_1}{v_2}\right)^\gamma \tag{4-9}$$

若气体再经历一个闭口系统中的定容吸热过程,并使 $T_3 = T_1$

由于
$$p_1 v_1 = R_g T_1 \qquad p_3 v_3 = R_g T_3$$

可以得到
$$\frac{p_3}{p_1} = \frac{v_1}{v_3} \tag{4-10}$$

考虑到 $v_2 = v_3$,式(4-9)、式(4-10)联立后有

$$\frac{p_2}{p_1} = \left(\frac{v_1}{v_2}\right)^\gamma = \left(\frac{v_1}{v_3}\right)^\gamma = \left(\frac{p_3}{p_1}\right)^\gamma \tag{4-11}$$

故有

$$\gamma = \frac{\ln \frac{p_2}{p_1}}{\ln \frac{p_3}{p_1}} \tag{4-12}$$

通过以上分析可以看出,让刚性容器中的理想气体先经历一个绝热放气过程,再让剩下的气体经历一个质量不变的定容过程,并让气体末状态的温度与实验开始时气体的温度相同,那么只需要分别测定实验开始时、放气之后、实验末状态这三个状态的压力即可得到理想气体绝热指数 γ 的值。

四、实验方法与步骤

(1) 测试前的准备。

① 检查小阀门的密封情况。

② 在小阀门开启的情况下(即容器与大气相通),用医用注射器将蒸馏水注入 U 形管测压计至一定高度。水柱内不能含有气泡,如有气泡,要设法排除。

③ 调整装置的水平位置,使 U 形管测压计两水管中的水柱高在一个水平线。

(2) 记录 U 形管测压计初始读数 h_0(即容器与大气相通时,压力计中水柱高度)。

(3) 关闭排气阀门。

(4) 用气囊往有机玻璃容器内缓慢充气,至一定值时,待压力稳定后,记录此时的水柱高度差 Δh_1。

(5) 突然打开排气阀门,并迅速关闭。空气绝热膨胀后,在 U 形管内显示出膨胀后容器内的气压,记录此时的水柱高度差 Δh_2。

(6) 持续 $1\sim 2h$,待容器内空气的温度与测试现场的大气温度一致时,记录此时的水柱高度差 Δh_3。

(7) 一般要求重复三次实验,取其结果的平均值作为实验最终结果。

五、实验数据记录及处理

表 4-1 绝热指数实验记录表

测试次数 \ 测试项目	h_0, mm	Δh_1, mm	Δh_2, mm	Δh_3, mm	备注
1					
2					
3					

通过记录的数据计算气体的绝热指数,取几次结果的算术平均值作为最后结果。并与教材中的实际值进行对比,计算误差,并分析误差产生的原因。

大气压力 $p_a =$ _____ mm H_2O;大气温度 $t_a =$ _____ ℃;

$p_1 = p_a + \Delta h_1 =$ _____ mm H_2O;$p_1 = p_a + \Delta h_2 =$ _____ mm H_2O;$p_3 = p_a + \Delta h_3 =$ _____ mm H_2O。

空气绝热指数:$\gamma = \dfrac{\ln\dfrac{p_2}{p_1}}{\ln\dfrac{p_3}{p_1}} =$

空气比定容热容:$c_{V0} = \dfrac{1}{\gamma - 1} R_g =$

空气比定压热容:$c_{p0} = \dfrac{\gamma}{\gamma - 1} R_g =$

六、思考题

(1)分析影响测试结果的因素。
(2)讨论测试方法存在的问题。

七、本次实验的心得及建议

实验二 压气机性能实验

一、实验目的

(1)掌握用计算机测试指示功、指示功率、平均多度压缩指数和容积效率等物理量的基本操作方法;

(2) 了解计算机采集数据和数据处理的全过程；
(3) 进行变工况压气机工作过程测定及讨论；
(4) 学习本实验的测试技术,分析采样频率对实验结果的影响。

二、实验装置

压气机性能实验装置简图如图 4-2 所示,主要由活塞式空气压缩机(包括压气机本体、电动机、皮带轮、储气罐及节流阀等)和测试系统(包括压力传感器、霍尔开关、采集板卡、计算机及采集电控箱等)组成。

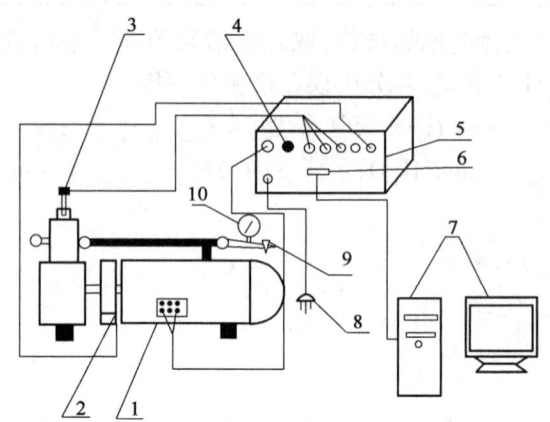

图 4-2 压气机性能实验装置示意图
1—压气机;2—磁脉冲传感器;3—压力传感器;4—控制器熔断丝;
5—数据采集控制器;6—RS232 串口;7—计算机;8—电源线;
9—排气控制阀门;10—压力表

压气机为单缸单级微型压缩机。为了获得压气机工作过程的封闭示功图,对压气机气缸盖和皮带轮进行了改造,在缸盖上通过阀板开了一个直通气缸的小孔,安装导引管,并将压力传感器与其连接,供实验时输出气缸内的瞬态压力信号,该信号进入采集板。另外对应着活塞上止点的位置,在飞轮内侧粘贴着一块磁钢,取得活塞上止点的脉冲信号,作为控制采集压力的起止信号,以实现压力和曲柄转角信号的同步。

三、实验原理

压气机的工作过程可以用示功图表示,如图 4-3 所示的示功图反映的就是气缸中的气体压力随体积变化的情况。本实验的核心就是用现代测试技术测定实际压气机的示功图。为了获得压气机工作过程的封闭示功图,实验中采用压力传感器测试气缸中的压力,用霍尔开关确定压气机活塞的位置。

当实验系统正常运行后,霍尔开关产生一脉冲信号,数据采集板在该脉冲信号的激励下,以预定的频率采集压力信号,下一个脉冲信号产生时,计算机中断压力信号的采集并将采集数据存盘。显然,接近开关两次脉冲信号之间的时间间隔刚好对应活塞在气缸中往返运行一次(一个周期),这期间压气机完成了膨胀、吸气、压缩及排气四个过程。信号经放大后送到计算机,经计算处理便得到了压气机工作过程中的有关数据及封闭的示功图和展开的示功图。实验测量得到压气机示功图后,根据工程热力学原理,可进一步确定压气机中气体膨胀和压缩过程的过程方程式及压气机耗功等。

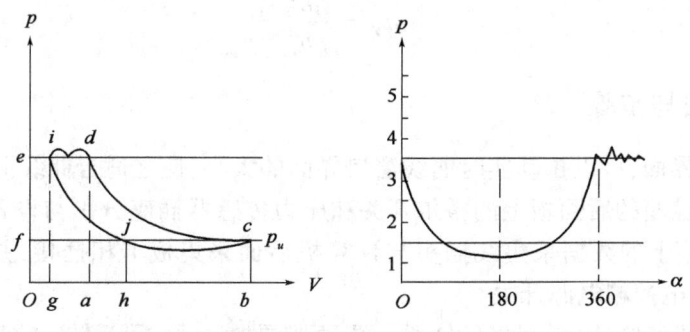

图 4-3　压气机的 $p-V$ 图与 $p-\alpha$ 图

1. 指示功和指示功率

指示功指压气机进行一个工作过程所消耗的功 W_c，其值是 $p-V$ 图上过程线 $cdijc$ 所包围的面积，即

$$W_c = S \cdot K_1 \cdot K_2 \times 10^{-9} \tag{4-13}$$

其中

$$K_1 = \frac{\pi L D^2}{4\,\overline{gb}} \tag{4-14}$$

$$K_2 = \frac{p_2}{\overline{fe}} \tag{4-15}$$

式中　S——从方格纸上测定的图上工作过程线所包围的面积，mm^2；
　　　K_1——单位长度代表的容积，mm^3/mm；
　　　K_2——单位长度代表的压力，Pa/mm；
　　　L——活塞行程，mm；
　　　D——箍缸直径，mm；
　　　$\overline{gb}$——活塞容积在横坐标上对应的线段长度，mm；
　　　p_2——压气机排气工作时的表压力，Pa；
　　　$\overline{fe}$——表压力在纵坐标上对应的高度，mm。

指示功率 P 为单位时间内压气机所消耗的功，可用下式表示：

$$P = n \cdot W_c \times 10^{-5}/60 \tag{4-16}$$

式中　n——转速，r/min。

2. 平均多变压缩指数

压气机的实际压缩过程介于定温压缩与定熵压缩之间，即平均多变压缩指数 n 的范围为 $1 < n < k$。因为多变过程的技术功是过程功的 n 倍，所以平均多变压缩指数等于 $p-V$ 图上压缩过程线和纵坐标轴围成的面积与压缩过程线和横坐标轴围成的面积之比，即

$$n = \frac{\text{由 } cdefc \text{ 围成的面积}}{\text{由 } cdabc \text{ 围成的面积}} \tag{4-17}$$

3. 容积效率

由容积效率 (μ_V) 的定义得

$$\mu_V = \frac{\text{有效吸气容积}}{\text{活塞位移容积}} \tag{4-18}$$

在示功图上,有效吸气过程线长度与活塞行程线段长度之比等于容积效率,即

$$\mu_V = \frac{\overline{hb}}{\overline{gb}}$$

四、实验方法与步骤

(1)进入实验界面,可以拉动实时曲线窗口界面的大小,使之适合曲线形状的观察。

(2)将采集电控箱的后面板上的霍尔开关和压力传感器插座分别与设备的插头对应插接并拧紧,采集电控箱上的数据采集线插头与计算机后面采集板卡相插接,并固定拧紧两边螺钉。然后打开采集电控箱电源开关。

(3)检查压气机油位是否在油窗的红圈位置,否则要加油后才可运转。拉起压气机上的红钮,启动压气机,待压力表指针指到 0.4MPa 时,调节储气罐上的排气阀,使压力稳定在 0.4MPa 左右。

(4)点击实验软件界面上的"开始",界面将显示采集到的开关信号和压力信号,当运行 3~5s 后,选择在界面显示出两次开关信号的时候,点击"停止"。这时可以将压气机的红钮压下,停止压气机的运转。

(5)分别点击实验界面右边的"绘制 p—α 图"和"绘制 p—V 图",可以分别绘制出压气机性能的展开图和封闭图。拉动实时曲线窗口下的六只滑块,能够在界面上出现六条彩色线条,用于确定封闭图和展开图某一点的具体压力值和角度。在实验界面的右部还有实验后的计算数据。点击"保存",所有的数据将得到保存,查询时只要输入实验编号,就能够在数据库列表里查询到当时的实验结果。

(6)调节排气阀开度,改变开度可以使压气机的压力稳定在不同的压力下,以此进行不同工况的实验测定,建议在 0.4MPa 的压力工况下做实验。

(7)实验完毕,关闭电源,将压气机储气罐中气体放掉。

五、实验报告要求

说明实验目的、原理和装置。

六、思考题

(1)根据实验结果并结合图示,说明活塞式压气机工作过程由哪几个热力过程组成。
(2)实测压气机示功图(p—V图)与理论示功图有什么不同?为什么?
(3)如何从实测的 p—V 图求过程方程式?
(4)能否从实测结果求出压气机耗功及容积效率?
(5)说明压气机变工况测量结果。

七、本次实验的心得及建议

附:本实验故障简易检查和处理

(1)现象:压气机启动后,绘制界面上没有开关信号。
解决:观察在压气机皮带轮一侧的传感器上的指示灯是否随着压气机的旋转而不断闪烁,

如果不闪,要调整传感器与皮带轮间距离适当减小;如果常亮,要调整传感器与皮带轮间距离适当增大。

(2)现象:启动后,绘制界面没有压力信号或压力信号很低。

解决:停机检查电控箱与设备的航空插头,方法是用数字万能表的一个表笔接压力航空插头的一脚,另一表笔接开关信号插头的一脚,逐脚轮换检测,看是否能检测到24V的直流电压,如果没有或过低,则应更换控制箱内的稳压电源集成电路。

(3)现象:启动后,不能绘制曲线。

解决:停机,进入计算机控制面板,点击"系统",点击"硬件",点击"设备管理器",查看"KPCI-1811多功能采集卡"一行字的前端有没有一个带叹号的黄底黑边圆圈,如果有,将改行删除,然后重新安装驱动程序。

实验三　喷管实验

一、实验目的

(1)通过实验,巩固并加深对临界状态、临界压力、背压、初压、最大流量等概念的理解;
(2)巩固和验证有关喷管基本理论,掌握不同形式喷管的机理;
(3)掌握不同形式的喷管中,各截面上流速、压力及流量随背压的变化规律;
(4)掌握气流在喷管中流速、流量、压力等参数的测试方法。

二、实验装置

本实验装置如图4-4所示。

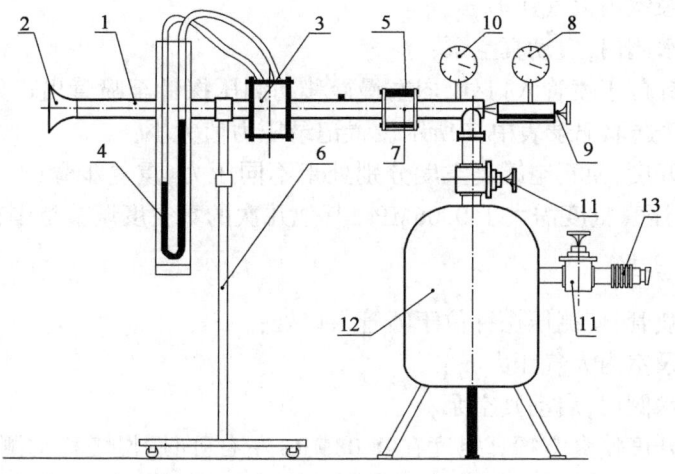

图4-4　喷管实验装置示意图

1—进气管;2—吸气口;3—孔板流量计;4—压差计;5—渐缩或渐放喷管;6—支架;
7—测压探针;8—可移动真空表;9—手轮螺杆机构;10—背压真空表;
11—背压调节阀;12—真空罐;13—接真空泵管

三、实验原理

在工程热力学和工程流体力学的课程中都对气体在管道中的定熵流动过程进行了分析,其中喷管是一种特殊的管道,它利用气体的压降对气流进行加速。通过本实验可以对喷管中的压力变化规律得到感性的认识,对于不同型式的喷管在不同的背压情况下所体现出的形态各异的压力变化有更深的了解。

背压对于喷管中流体的压力影响在工程热力学和工程流体力学中都有阐述,尤其是缩放喷管中激波的产生在工程流体力学中有很详细的分析,读者可以自行参考。

渐缩喷管:当背压大于临界压力时,沿流动方向气流压力逐渐降低而速度增大,直至降低到背压流出喷管,气流速度为亚音速;当背压等于临界压力时,沿流动方向气流压力逐渐降低而速度增大,直至降低到背压流出喷管,气流速度为音速;当背压小于临界压力时,沿流动方向气流压力逐渐降低而速度增大,直至降低到临界压力流出喷管,气流速度为音速,并在喷管外产生激波,将气流压力降低到背压,但这个压降没有用来对气流加速,而是一种不可逆损失。

缩放喷管:当背压小于设计压力时,沿流动方向气流压力逐渐降低,直至降低到设计压力流出喷管,气流速度为超音速,并在喷管外产生激波,将气流压力降低到背压,但这个压降没有用来对气流加速;当背压等于设计压力时,沿流动方向气流压力逐渐降低,直至降低到设计压力流出喷管,气流速度为超音速;当背压高于设计压力时,沿流动方向气流压力逐渐降低而速度增大,压力会降低到背压之下,但是到了某个位置产生激波,压力上升,速度降低,在此位置的后面部分气流将以降速增压的方式流动,直至将压力升高到背压流出喷管,发生激波的位置会随着背压的升高而向喷管前部移动,甚至会发生在喉部之前。

四、实验方法与步骤

1. 渐缩喷管实验

(1)装上渐缩喷管,使测压探针位于喷管入口处;

(2)测量并记录室内大气压力 p_a;

(3)打开冷却水阀门,启动真空泵;

(4)使测压探针位于喷管入口处,向右慢慢移动测压探针至喷管出口处,观察过程中喷管各截面压力变化,并选取记录表中 X 所示位置记录压力值大小;

(5)改变阀门开度,使真空罐真空度分别处于不同压力,重复步骤(4)将实验做 4 次。其中有 1 次实验的背压真空度需大于 0.06 MPa,其他几次的真空度调节范围在 0.02~0.04 MPa。

2. 缩放喷管实验

(1)装上缩放喷管,使测压探针位于喷管入口处;

(2)测量并记录室内大气压力 p_a;

(3)打开冷却水阀门,启动真空泵;

(4)改变阀门开度使真空罐真空度在 0.08 MPa 左右,向后慢慢移动测压探针至喷管出口处,观察过程中喷管各截面压力变化,并选取记录表中 X 所示位置记录压力值大小;

(5)参照步骤(4),逐渐减小阀门开度,降低真空罐真空度再做 4 次。其中有 1 次实验的背压真空度需小于 0.02 MPa。

注意:当实验结束后,应先切断真空泵电源,待 5 min 后,再关闭冷却水阀门。

五、实验数据记录和处理

将实验数据记录至表格 4-2、表 4-3 中。将真空度换算为绝对压力,以位置 X 为横坐标,喷管中绝对压力 p 为纵坐标,在坐标纸上绘制出沿流动方向喷管中压力的变化曲线,并结合工程热力学和工程流体力学的理论课教材阐述不同曲线代表的意思。

表 4-2 渐缩喷管实验记录表

当地大气压 p_a = _____ MPa

编号	背压 p_B(真空罐真空度) MPa	位置1		位置2		位置3		位置4		位置5		位置6		位置7		位置8		位置9	
		X cm	p MPa	X cm	p MPa	X cm	p MPa	X cm	p MPa	X cm	p MPa	X cm	p MPa	X cm	p MPa	X cm	p MPa	X cm	p MPa
1		0		0.5		1		1.5		2		2.5		3		3.25		3.5	
2		0		0.5		1		1.5		2		2.5		3		3.25		3.5	
3		0		0.5		1		1.5		2		2.5		3		3.25		3.5	
4		0		0.5		1		1.5		2		2.5		3		3.25		3.5	

表 4-3 缩放喷管实验记录表

当地大气压 p_a = _____ MPa

编号	背压 p_B(真空罐真空度) MPa	位置1		位置2		位置3		位置4		位置5		位置6		位置7		位置8	
		X cm	p MPa	X cm	p MPa	X cm	p MPa	X cm	p MPa	X cm	p MPa	X cm	p MPa	X cm	p MPa	X cm	p MPa
1		0		0.5		1		1.5		2		2.5		3		3.5	
2		0		0.5		1		1.5		2		2.5		3		3.5	
3		0		0.5		1		1.5		2		2.5		3		3.5	
4		0		0.5		1		1.5		2		2.5		3		3.5	

六、思考题

(1)在渐缩喷管实验中,若背压真空度分别为 0.062MPa 和 0.07MPa,那么画出的这两条压力沿程变化曲线有何独特之处?

(2)分析画出的压力变化曲线的压力为何会逐渐降低。

七、本次实验的心得及建议

实验四 热导率测定实验

一、实验目的

(1)了解导热现象的物理过程;
(2)学习用稳态平板法测量材料热导率的方法;
(3)学习求平板的冷却速率的方法;
(4)了解用热电转换方式进行温度测量的方法。

二、实验装置

热导率测定实验装置如图4-5所示。仪器面板和PID温控仪示于图4-6、图4-7。

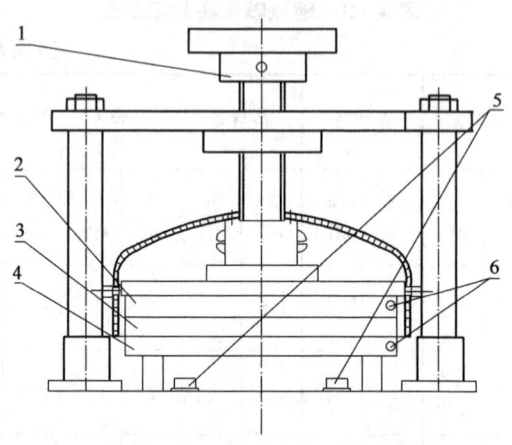

图4-5 热导率测定实验装置图
1—手轮;2—上铜板;3—试件;4—下铜板;5—PT100输入;6—PT100输出

PID温控仪使用说明:
(1)长按"SET键",当有数字开始闪烁则可松开,闪烁位为修改位;
(2)通过"移位键<"移动到要修改的位置,按"增加键"增值、"减小键"减值,调整到实验需要的温度;
(3)调整好以后,按一下"SET键"存入修改好的参数。

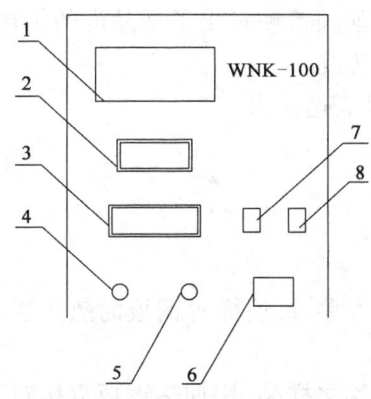

图4-6 仪器面板示意图

1—PID温控仪；2—下铜板温度显示屏；3—计时器屏幕；
4—计时器复位键；5—计时器开始/暂停键；
6—电源开关；7—风扇开关；8—加热开关

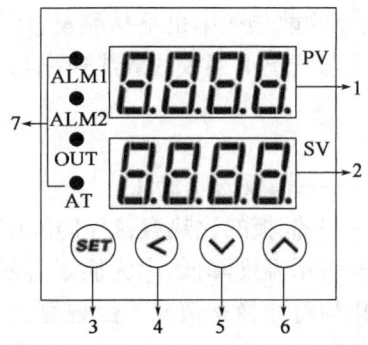

图4-7 PID温控仪

1—第一显示窗；2—第二显示窗；3—SET键；
4—移位键；5—减小键；6—增大键；7—指示灯

三、实验原理

根据傅里叶定律，在一维稳态情况下：

$$dQ = -\lambda A \cdot \frac{dt}{dx} \tag{4-19}$$

式中　Q——导热量，W；

　　　λ——热导率，W/(m·K)；

　　　A——导热面积，m²；

　　　dt/dx——温度梯度，℃/m。

利用式(4-19)测量材料的热导率λ，需解决的关键问题有两个：一个是在材料内造成一个温度梯度，并确定其数值dt/dx；另一个是测量试件内由高温区向低温区的热流量dQ。

如图4-8所示，为了在试件内形成一个温度梯度，可以把试件加工成平板状，并把它夹在两块良导体(铜板)之间，使两块铜板分别保持在恒定温度t_1和t_2，就可以在样品厚度方向上形成温度梯度。样品厚度h可做成h远小于样品直径D，故此样品侧面积比平板面积小得多，由侧面散去的热量可以忽略不计，可以认为热量是沿样品厚度方向上传递，即只在此方向上有温度梯度。

由于铜是热的良导体，在达到稳态时，可以认为同一铜板各处的温度相同，样品内同一平行平面上各处的温度也相同。这样只要测出样品的厚度h和两块铜板的温度t_1、t_2，就可以确定样品内的温度梯度为

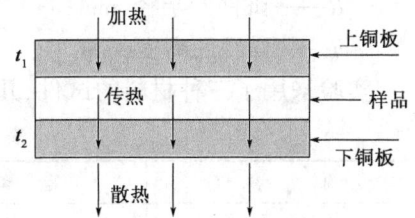

图4-8 试件与上下铜板位置示意图

$$\frac{dt}{dx} = (t_1 - t_2)/h$$

热流量是一个无法直接测定的量，应设法将这个量转化为较为容易测量的量。为了维持一个恒定的温度梯度，必须不断地给高温侧铜板加热，热量通过样品传到低温侧铜板，低温侧铜板则要将热量不断地向周围环境散出。当加热速率、导热速率与散热速率相等时，系统就达到一个动态平衡状态，称之为稳态。此时低温侧铜板的散热速率就是样品内的传热速率。这

样,只要测量低温侧铜板在稳态温度 t_2 下散热的速率,也就间接测量出了样品内的传热速率。但是,铜板的散热速率也不易测量,还需要进一步作参量转换。

非稳态情况下铜板的散热速率与其冷却速率有关,其表达式为

$$dQ\Big|_{t_2} = -mc\frac{dt}{d\tau}\Big|_{t_2} \quad (4-20)$$

式中 m——铜板的质量,kg;
c——铜板的比热容,J/(kg·K)。

负号表示温度降低,因为质量容易直接测量,c 可视为常量,这样对铜板的散热速率的测量又转化为对非稳态情况下低温侧铜板冷却速率的测量。

测量铜板的冷却速率可以这样进行:在达到稳态后,移去样品,用加热铜板直接对下铜板加热,使其温度高于稳定温度 t_2,再让其在环境中自然冷却,直到温度低于 t_2,测出温度在大于 t_2 至小于 t_2 区间中随时间的变化关系,描绘出温度随时间(t—τ)变化曲线,曲线在 t_2 处切线的斜率就是铜板在稳态温度 t_2 下的冷却速率。

这样得出的 $dt/d\tau$ 是在铜板全部表面暴露于空气中的冷却速率,其散热面积为 $2\pi R_p^2 + 2\pi R_p h_p$(其中 R_p 和 h_p 分别是下铜板的半径和厚度)。然而在实验开始稳态传热时,铜板的上表面(面积为 πR_p^2)是试件覆盖的,由于物体的散热速率与它们的面积成正比,所以铜板散热速率的表达式应修正为

$$dQ = -mc\frac{dt}{d\tau}\frac{\pi R_p^2 + 2\pi R_p h_p}{2\pi R_p^2 + 2\pi R_p h_p} = -mc\frac{dt}{d\tau}\frac{R_p + 2h_p}{2R_p + 2h_p} \quad (4-21)$$

综合整理以上三式,可以得到热导率 λ 的表达式为

$$\lambda = -mc\frac{R_p + 2h_p}{2R_p + 2h_p}\frac{1}{\pi R^2}\frac{h}{t_1 - t_2}\frac{dt}{d\tau}\Big|_{t_1 - t_2} \quad (4-22)$$

式中 m——下铜板的质量,本实验为 823g;
c——下铜板的比热容,其大小为 385J/(kg·K);
R_p——下铜板的半径,本实验为 65mm;
h_p——下铜板的厚度,本实验为 8mm;
R——试件的半径,mm;
h——样品的高度,mm。

实验采用了三种材料的试件,几何尺寸见表 4-4。

表 4-4 三种试件的几何尺寸

材　料	硅　橡　胶	有机玻璃	绝缘板
直径 D,mm	124	125	125
厚度 h,mm	7.76	7.9	9

四、实验方法与步骤

(1)旋动手轮提升上铜板高度,选择一块实验试件擦拭干净后,放入上下铜板之间,旋动手轮压紧。

(2)打开仪器电源开关,设置好测试温度(建议比环境温度高 10℃左右),打开加热开关,温度稳定约要 20~30min,具体时间与被测材料和目标温度及环境温度的不同而不同。观察

上铜板的温度变化到设定值后,认为上铜板达到稳定。

(3)待上铜板的温度达到稳定后,观察下铜板的温度变化情况,下铜板的温度读数在3min内变化±0.3℃范围内,即可认为已达到稳定状态,记下此时的上铜板温度t_1和下铜板温度t_2。

(4)旋动手轮将上铜板提升一定高度,移去实验试件。

(5)旋动手轮将上铜板放下紧压在下铜板上,当下铜盘温度比t_2高出5℃左右或接近上铜板温度时,旋动手轮提升上铜板(让上下铜板至少间隔20mm以上),使下铜盘所有表面均暴露于空气中,下铜板被空气自然冷却,此时下铜板处于非稳态情况。每隔30s读一次下铜板的温度示值并记录,直至温度下降到t_2以下后继续记录2min以上,即可作出作铜板的$t—\tau$冷却速率曲线(或参考线性内插法直接计算也可),得到在t_2温度下的散热速率。

(6)重新选择一块试件,重复以上步骤,再做一次。

五、实验数据记录及处理

1. 实验数据记录

根据具体的情况,可能冷却时间较长,记录的数据较多,请自备纸张。

(1)第一块试件。

稳态时上铜板温度$t_1 = $ _____℃,下铜板温度$t_2 = $ _____℃。

表4-5　第一块试件下铜板非稳态记录表

τ,s	30	60	90	120	150	180	210	240	……
t,℃									

(2)第二块试件。

稳态时上铜板温度$t_1 = $ _____℃,下铜板温度$t_2 = $ _____℃。

表4-6　第二块试件下铜板非稳态记录表

τ,s	30	60	90	120	150	180	210	240	……
t,℃									

2. 实验数据处理

(1)根据表4-5、表4-6记录的实验数据计算或作图求出下铜板散热速率。

(2)分别计算两块试件的热导率。

(3)分析实验可能在哪些方面存在误差。

六、思考题

(1)作出$t—\tau$冷却速率曲线,过t_2作切线求散热速率与用线性内插法计算散热速率理论上为何有细微差异?

(2)若在实验中不慎打开了风扇开关,并持续到实验结束,分析实验的偏差会出现在哪个环节?

七、本次实验的心得及建议

实验五 二维温度场电模拟实验

一、实验目的

(1) 学习电—热类比的原理及其边界条件的处理;
(2) 通过对电模拟的电量测量求出墙角导热的温度场。

二、实验原理

导热与导电虽然是不同性质的物理现象,但对于导体而言,窥其导热、导电的机理,则都是大量自由电子运动的结果,从热流量和电流的计算公式来看,它们也是十分相似的。平壁导热公式如下:

$$\text{热流量} \quad Q = \frac{\Delta T}{\dfrac{\delta}{\lambda A}} \quad \left(\frac{\text{温度差}}{\text{热阻}}\right) \tag{4-23}$$

式中 Q——热流量,W;
λ——物体的热导率,W/(m·℃);
δ——物体的厚度,m;
A——物体的导热面积,m^2。

欧姆定律如下:

$$\text{电流} \quad I = \frac{\Delta V}{R} \quad \left(\frac{\text{电位差}}{\text{电阻}}\right) \tag{4-24}$$

这就为电热类比法的最初产生提供了启示和依据。由此,在精确的解析法与近似的数值解法之外,也为解决多维的导热问题,又找到了一种电模拟的实验方法。

各向同性材料的无内热源的两维稳态温度场的电模拟法,可分为连续式和网络式两种:连续式用连续介质(如导电液或导电纸)作为实验模型;而网络式由电阻元件焊接成的电阻网络板作为实验模型。下面着重介绍后者的实验原理以及对温度场各种边界条件的电模拟方法。温度场网络式电模拟实验原理图如图4-9所示。首先,电阻网络板与正方形网格化后的实际温度场(即电—热系统)之间,必须几何相似,这是前提。然后,由稳定导热的数值解法可知,对于无内热源的二维稳态温度场[图4-9(a)],其内部节点方程式是

$$(T_1 + T_2 + T_3 + T_4) - 4T_0 = 0 \tag{4-25}$$

式中 T_0, T_1, T_2, T_3, T_4——测点0、1、2、3、4的温度。

在电阻网络板上,设其对应的内部节点四周的电阻分别为 R_1、R_2、R_3、R_4。在稳态时,由电学中基尔霍夫定律可知

$$\sum_{i=1}^{n} I_n = 0 \tag{4-26}$$

$$\frac{V_1 - V_0}{R_1} + \frac{V_2 - V_0}{R_2} + \frac{V_3 - V_0}{R_3} + \frac{V_4 - V_0}{R_4} = 0 \tag{4-27}$$

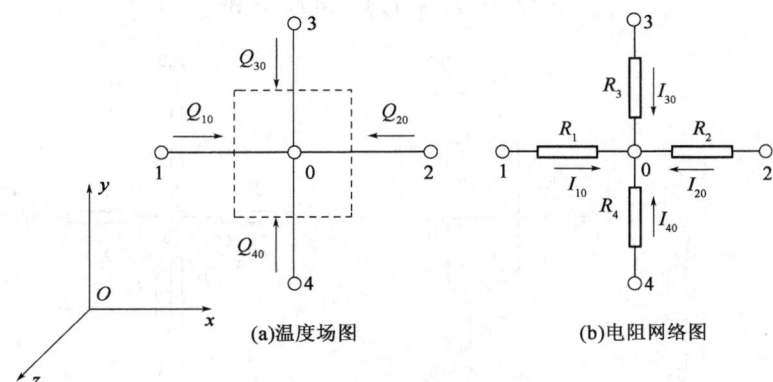

图 4-9　温度场网络式电模拟实验原理图

其中
$$I_0 = \frac{V_n - V_0}{R_n}$$

式中　V_0, V_1, V_2, V_3, V_4——测点 0、1、2、3、4 的电压，V；
　　　I——电流强度，A。

如图 4-9(b) 所示，如果在焊接电阻网络板时，人为地使 $R_1 = R_2 = R_3 = R_4$，则可得

$$(V_1 + V_2 + V_3 + V_4) - 4V_0 = 0 \tag{4-28}$$

可见，式(4-25)、式(4-28)在数学形式上是完全相同的。它说明电阻网络板中的电位分布与温度场中的温度分布具有完全相同的规律性。这样，就可用测量电阻网络板中各节点电位的方法，达到了解网络化温度场中各对应节点温度的目的，这也就是温度场电模拟实验的基本原理。

但是，二维温度场除了内部节点之外，还有各种条件(如等温、绝热、对流换热等)的边界节点。而且边界条件的不同，对温度场中的温度分布影响极大。因此，还必须设法对这些不同性质的边界条件能够分别地进行模拟，才能够达到电—热系统间电位分布与温度分布的真正完全类似。

1. 等温边界条件的电模拟

将等温边界处的各节点彼此间用导线短接(相当于一个电位)，实验时用稳压直流电源使该处保持稳定的电位，这样就完成了用等电位边界对等温边界的模拟。

温差与电位差之间的换算比例系数 c_t，根据情况，由自己选定，公式如下：

$$c_t = \frac{T_2 - T_1}{V_2 - V_1} \tag{4-29}$$

式中　c_t——温差与电位差之间的换算比例系数。

2. 绝热平直边界条件的电模拟

如图 4-10(a) 所示，节点网络等步长划分 $\Delta x = \Delta y = \delta, \Delta z = 1$，建立边界节点热平衡方程。

$$Q_{10} + Q_{30} + Q_{40} = 0 \tag{4-30}$$

$$\lambda\delta\left(\frac{T_1 - T_0}{\delta}\right) + \lambda\frac{\delta}{2}\left(\frac{T_3 - T_0}{\delta}\right) + \lambda\frac{\delta}{2}\left(\frac{T_4 - T_0}{\delta}\right) = 0 \tag{4-31}$$

整理可得

$$(2T_1 + T_3 + T_4) - 4T_0 = 0 \tag{4-32}$$

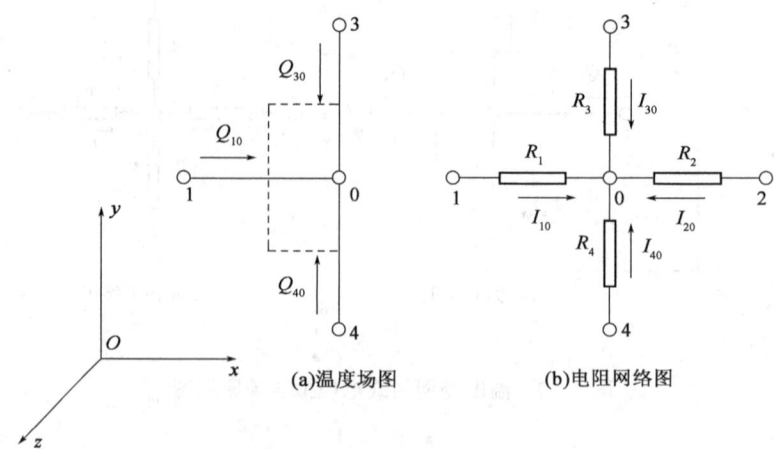

图 4-10 绝热平直边界条件的电模拟实验原理图

电模拟网络如图 4-10(b)所示,由电流定理可知

$$I_{10} + I_{30} + I_{40} = 0 \tag{4-33}$$

$$\frac{V_1 - V_0}{R_1} + \frac{V_3 - V_0}{R_3} + \frac{V_4 - V_0}{R_4} = 0 \tag{4-34}$$

若设

$$R_3 = R_4 = 2R_1 \tag{4-35}$$

则可得

$$(2V_1 + V_3 + V_4) - 4V_0 = 0 \tag{4-36}$$

可看出式(4-32)、式(4-36)在形式上完全相同,所以对于绝热的平直边界条件,只要在制作电阻网络板时,使 $R_3 = R_4 = 2R_1$,即可完成模拟。

3. 对流平直边界条件的电模拟

如图 4-11(a)所示是对流平直边界,设对流换热系数为 h,流体温度为 T_f,若用上述的方法,可得其节点方程为

$$-c_1 T_0 + c_2 T_f + \frac{2T_1 + T_3 + T_4}{2} = 0 \tag{4-37}$$

其中

$$c_1 = \frac{h\delta}{\lambda} + 2 \qquad c_2 = \frac{h\delta}{\lambda}$$

同理可证,在如图 4-11(b)所示的电阻网络图中,只要满足下列条件即可使对流平直边界条件得到模拟:

$$R_3 = R_4 = 2R_1, R_2 = \frac{\lambda}{h\delta} R_1 \tag{4-38}$$

对于其他非平直的各种条件的边界节点,也可用同样的方法得到其节点方程式,然后建立模型和选取电阻。这样,就可根据各种不同的情况来制作电阻网络板了。

本实验为模拟炉墙转角温度场,炉墙内外表面为定温边界。炉墙横截面尺寸如图 4-12 所示。材料的热导率 $\lambda = 0.53 \text{W}/(\text{m} \cdot ℃)$,并划分成边长为 0.2m 的正方形网格。试分别求出定温边界条件:(1)$t_2 = 75℃, t_1 = 0℃$;(2)$t_2 = 450℃, t_1 = 50℃$ 时的各节点温度。换算公式为在实验原理中提到的式(4-29)。

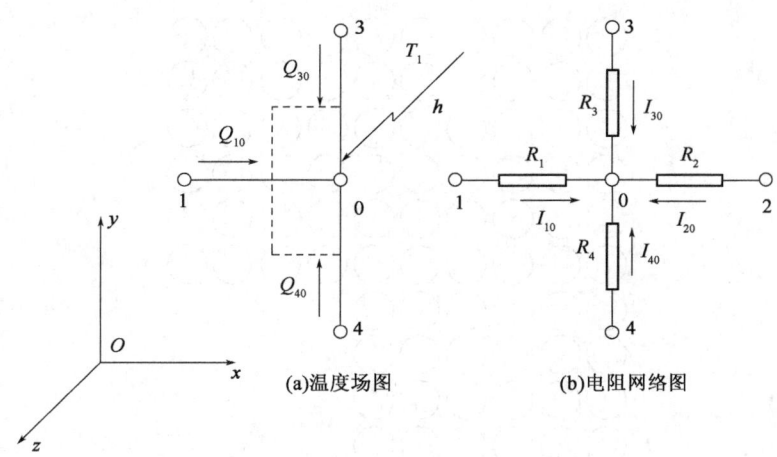

图 4-11 对流平直边界条件的电模拟

温度场电模拟接线图如图 4-13 所示。通过实测板中各节点的电位,而了解相应的温度场中的温度分布。该模拟板装置实际上充当了专用计算机的作用,即相当于用模拟实测的方式代替了计算机数值解的演算过程。

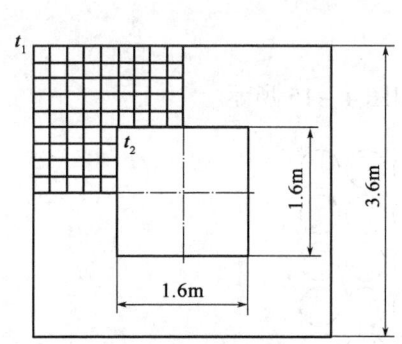

图 4-12 炉墙横截面尺寸图

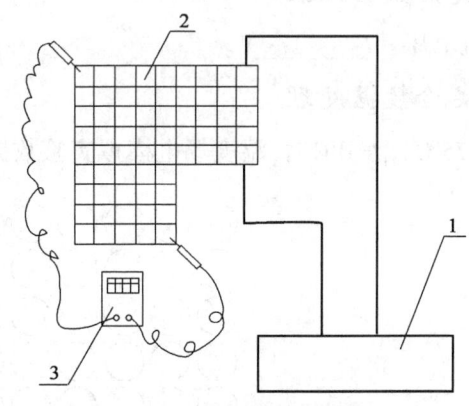

图 4-13 温度场电模拟接线图
1—直流稳压电源;2—电阻网络板;3—数值式万用表

三、实验方法与步骤

(1)按照网格化后的温度场制作电阻网络板。
(2)按图 4-13 所示,接好线路。
(3)经检查无误后,启动直流稳压电源,并调整到所需要的电压。注意:为了防止电阻网络过载,直流稳压电源的输出电压不得超过 10V。
(4)把万用电表的测量开关放在直流电压挡上,并注意使电表的量程与所测电压的范围相对应。
(5)用万用表依次测量各节点的电位,填入图 4-14 中该节点处的圆圈里;并把它们换成相应节点的温度值后,填入图 4-15、图 4-16 中该节点处的圆圈里。

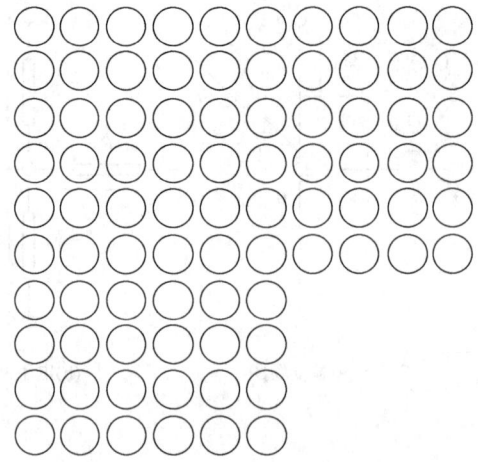

图 4-14　温度场电模拟实验记录图

四、实验数据记录及处理

1. 实验数据记录

直流电压 = _____ V。

2. 实验数据处理

$t_2 = 75℃$，$t_1 = 0℃$ 时，温度场电模拟实验数据处理图如图 4-15 所示。

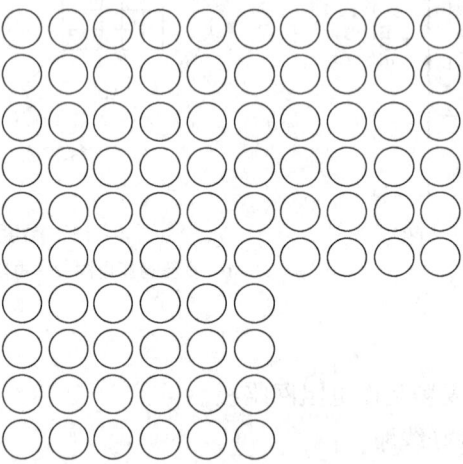

图 4-15　温度场电模拟实验数据处理图 1

$t_2 = 450℃$，$t_1 = 50℃$ 时，温度场电模拟实验数据处理图如图 4-16 所示。

五、思考题

连接电阻板的外顶角和内顶角所形成的直线将温度场一分为二，任取其中一块温度场，该直线为新的边界，它是什么边界？写出该边界中心点的差分方程。

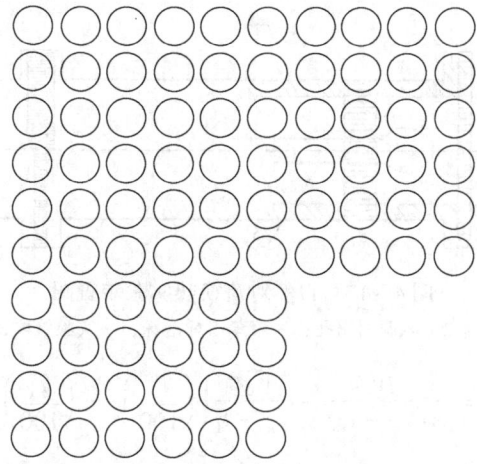

图 4-16　温度场电模拟实验数据处理图 2

六、本次实验的心得及建议

实验六　自然对流换热实验

一、实验目的

(1) 测定空气沿水平圆管外表面的自然对流换热系数,并将数据整理成准则方程式;

(2) 了解对流换热系数的实验研究方法,学会用相似准则综合实验数据的方法,认识相似理论在对流换热实验研究中的指导意义。

二、实验装置

本实验装置如图 4-17 所示。

三、实验原理

对铜管进行电加热,铜管外壁以对流换热和辐射换热两种方式将热量传递给空气,所以对流换热量应是总热量与辐射换热量之差,即

$$Q = Q_r + Q_c = IV \tag{4-39}$$

其中

$$Q_c = h_c A(t_w - t_f) \tag{4-40}$$

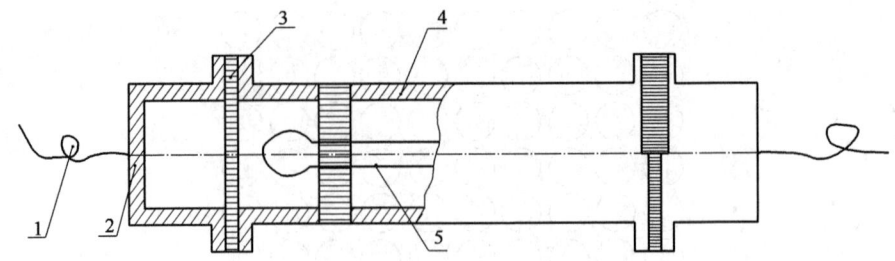

图 4-17 自然对流换热实验装置图
1—电源引出线;2—电源引出孔;3—聚苯乙烯泡沫;4—实验管段;5—电加热器

$$h_c = \frac{IV}{A(t_w - t_f)} - \frac{C_0 \varepsilon}{t_w - t_f}\left[\left(\frac{T_w}{100}\right)^4 - \left(\frac{T_f}{100}\right)^4\right] \quad (4-41)$$

式中 Q_r——辐射换热量,W;

      Q_c——对流换热量,W;

      I——电流强度,A;

      V——电压,V;

      h_c——自然对流换热系数,W/(m²·℃);

      A——换热面积,m²;

      t_w——管壁平均摄氏温度,℃;

      t_f——室内空气摄氏温度,℃;

      C_0——黑体的辐射系数,5.67W/(m²·K⁴);

      ε——实验管表面黑度,无量纲;

      T_w——管壁平均热力学温度,K;

      T_f——室内空气热力学温度,K。

对于自然对流换热,努塞尔数 Nu 是格拉晓夫数 Gr 和普朗特数 Pr 的函数,即

$$Nu_m = C(Gr \times Pr)_m^n \quad (4-42)$$

可以表示为

$$Nu_m = h_c d / \lambda_m \quad (4-43)$$

其中

$$Gr_m = g\beta_m(t_w - t_f)d^3 / \nu_m^2 \quad (4-44)$$

式中 β_m——体积膨胀系数,K⁻¹;

      ν_m——运动黏度,m²/s。

而 C、n 则是需要通过该实验确定的,这就是该实验的目的。为确定 c、n,采用了四根尺寸和加热功率各异的实验管,将实验中得到的数据经过处理后可求得四组准则数,在双对数坐标纸上以 Nu_m 为纵坐标、$(Gr \cdot Pr)_m$ 为横坐标将四组数据标出,画出一条直线,使大多数点落在这条直线上或周围两侧。根据上面的公式有 $\lg Nu_m = \lg C + n\lg(Gr \cdot Pr)_m$,则这条直线的斜率为 n,截距为 C。若采用的是一般的直角坐标纸,则将 Nu_m、$(Gr \cdot Pr)_m$ 取对数之后和以上类似做法绘制出一条直线,这条直线的斜率为 n,截距为 $\lg c$。

四、实验方法与步骤

(1)按电路图接好线路后接通电源;

(2)调节调压器,对实验管进行加热;
(3)稳定六小时后,记录温度计指示的空气温度;
(4)记录电压表显示的电压;
(5)测定热电偶指示的管壁温度,记录数据于记录于表4-7中;
(6)间隔半小时后再测定一次;取两组数据的算术平均值作为计算依据。

五、实验数据记录及处理

1. 实验数据记录

(1)已知数据。

管径和允许电功率:$d_1 = 20\text{mm}$、$P_1 = 300\text{W}$;$d_2 = 40\text{mm}$、$P_2 = 600\text{W}$;$d_3 = 60\text{mm}$、$P_3 = 800\text{W}$;$d_4 = 80\text{mm}$、$P_4 = 1200\text{W}$。

管长:$L_1 = 1000\text{mm}$、$L_2 = 1200\text{mm}$、$L_3 = 1600\text{mm}$、$L_4 = 2000\text{mm}$。

$C_0 = 5.67\text{W}/(\text{m}^2 \cdot \text{K}^4)$,黑度 $\varepsilon_1 = \varepsilon_2 = \varepsilon_3 = 0.15$,$\varepsilon_4 = 0.11$。

(2)测量数据。

室内空气温度 t_f = _____ ℃;电压 V = _____ V。

表4-7 管壁温度和电流强度记录表

编号	I,A	t_1,℃	t_2,℃	t_3,℃	t_4,℃	t_5,℃	t_6,℃	t_7,℃	t_8,℃	备注
1										
2										各管测温点数量不同,按实际填写;实验过程中一定不要旋动电流调节旋钮
3										
4										

2. 实验数据处理

根据所测管壁温度求出管壁温度平均值 t_w,计算加热器的热量 $Q = I \cdot V$。

(1)求对流换热系数。

$$h_c = \frac{IV}{A(t_w - t_f)} - \frac{C_0 \varepsilon}{t_w - t_f}\left[\left(\frac{T_w}{100}\right)^4 - \left(\frac{T_f}{100}\right)^4\right]$$

(2)查出物性参数。定性温度取空气热边界层平均温度 $t_m = \dfrac{t_w + t_f}{2}$,在教材的附录中查得空气的各物性参数。

(3)计算准则数。把得到的有关数据带入准则数定义中可得准则数 Nu_m 和 $(Gr \cdot Pr)_m$。

(4)确定 C 和 n。把对应的数据标在双对数坐标纸上,绘制出一条直线,使大多数点落在这条直线上或周围两侧,由绘制出的直线得到该直线的斜率和截距,进而求出 C 和 n。

表4-8为实验数据计算表,数据整理时,将各数据填入,计算完毕后绘制实验曲线,计算

C 和 n,与工程热力学教材中水平圆管自然对流的实际 C、n 值进行比较,并计算误差,分析误差产生的原因。

表 4-8 自然对流换热实验计算表

项目＼实验管	1	2	3	4
t_w, ℃				
T_w, K				
t_f, ℃				
T_f, K				
t_m, ℃				
λ_m, W/(m·K)				
β_m, 1/K				
ν_m, m²/s				
Pr_m				
Q, W				
A, m²				
$\varepsilon \cdot C_0$				
h_c, W/(m²·℃)				
Nu_m				
Gr_m				
$(Gr \cdot Pr)_m$				

六、思考题

(1) 为什么式(4-39)及式(4-31)要减去辐射换热量?

(2) 实验步骤(3)中,要稳定 6h 才能达到稳定工况。为何实验要求达到稳定状态?

七、本次实验的心得及建议

实验七 强迫对流换热实验

一、实验目的

(1) 了解热工实验的基本方法和特点;

(2) 学会翅片管束管外放热和阻力的实验研究方法;

(3)巩固和运用传热学课堂讲授的基本概念和基本知识,培养学生独立进行科研实验的能力。

二、实验装置

实验的翅片管束安装在一台低速风洞中,实验装置和测试仪表如图4-18所示。

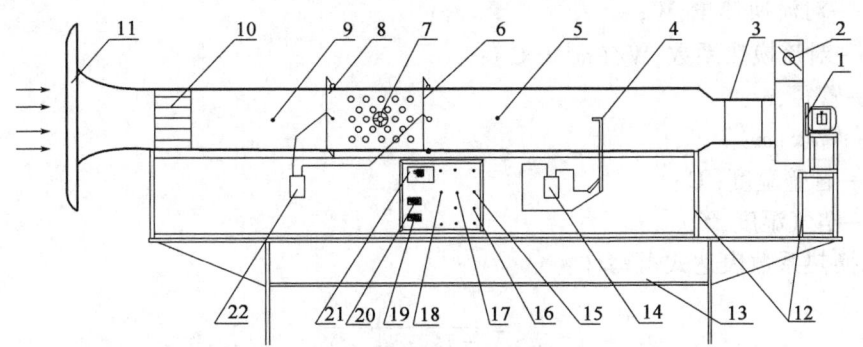

图 4-18 实验风洞系统简图
1—离心式风机;2—自动风机风门;3—软管;4—毕托管;5—后测温点;6—后测静压点;
7—紫铜管试件;8—前测静压点;9—前测温点;10—整流栅;11—进风喇叭口;12—角铁
支架;13—实验台;14—毕托管差压传感器;15—加热开关;16—加热调节阀;17—风门开关
(上开下关);18—风机开关;19—加热电流表;20—加热电压表;
21——十六位巡检仪;22—实验段阻力差压传感器

实验风洞由带整流隔栅入口段、整流丝网、平稳段、前测量段、工作段、后测量段、收缩段、扩压段等组成。工作段和前后测量段的内部横截面积为300mm×300mm。工作段的管束及固定管板可自由更换。

实验管件由单纯翅片管和带翅片的实验热管两部分组成,它们的外形尺寸是一样的,并采用顺排排列。翅片管束的几何特点见表4-9。

表 4-9 翅片管束的几何特点

翅片管内径 D_i mm	翅片管外径 D_o mm	翅片高度 H mm	翅片厚度 δ mm	翅片间距 B mm	横向管间距 P_t mm	纵向管间距 P_l mm	管排数 N 排
20	26	13	1	4	75	83	7

4根实验热管组成一个横排,可以放在任何一排的位置上进行实验。一般放在第3排的位置上,因为实验数据表明,自第3排以后,各排的对流换热系数基本保持不变。所以,这样得到的对流换热系数代表第3排及以后各排管的平均对流换热系数。

实验热管的加热段由专门的电加热器进行加热,电加热器的功率由电流、电压表进行测量。每一支热管的内部插入一支铜—康铜铠装热电偶,用以测量热管内冷凝段的蒸汽温度 t_v。电加热器的箱体上,也安装一支热电偶,用以确定箱体的散热损失。热电偶的电势由 UI60 型电位量计进行测量。

空气的进出口温度用温度计进行测量,入口安装一支,出口安装两支。空气流经翅片管束的压力降由倾斜式压差计测量,管束前后的静压测孔均布在前后测量段的壁面上。空气流的速度和流量由安装在收缩段上的毕托管和倾斜式压差计测量。

三、实验原理

根据牛顿冷却公式，单管外表面对流换热量 Q_c 可用下式计算：

$$Q_c = h_c \pi dL(t_w - t_f) \tag{4-45}$$

式中　Q_c——对流换热量，W；
　　　h_c——对流换热系数，W/(m²·℃)；
　　　d——管径，m；
　　　L——管长，m；
　　　t_w——管壁温度，℃；
　　　t_f——空气温度，℃。

故对流换热系数表达式可写作：

$$h_c = \frac{Q_c}{\pi dL(t_w - t_f)} \tag{4-46}$$

根据量纲分析和实验分析，定性温度 t_f 和 t_w，定型尺寸是管外径 d，特征速度为来流速度 u_f，外绕单管强迫对流的准则方程式可整理为

$$Nu_f = ARe_f^n Pr_f^{0.38} \left(\frac{Pr_f}{Pr_w}\right)^{0.25} \tag{4-47}$$

式中　Nu_f——努塞尔数；
　　　Re_f——雷诺数；
　　　Pr_f——以流体温度为定性温度的普朗特数；
　　　Pr_w——以壁面温度为定性温度的普朗特数。

对于空气，$Pr \approx$ 常数，故准则方程式(4-38)可改写为

$$Nu_f = CRe_f^n \tag{4-48}$$

本实验的目的就是通过实验确定上式中无量纲的系数 C 和指数 n。

为此，对式(4-39)等式两端取对数：

$$\lg Nu_f = \lg C + n\lg Re_f \tag{4-49}$$

以 $\lg Nu_f$ 为坐标纵轴，$\lg Re_f$ 为坐标横轴建立直角坐标系，绘制出的直线为 $\lg Nu_f$—$\lg Re_f$ 的函数曲线，该直线的截距为 $\lg C$，斜率为 n。要绘制出这条直线就必须知道 Re_f 和 Nu_f 的对应关系，这是实验需要解决的问题。

实验是在实验管被电加热的情况下进行的，圆管内加热器所发出的电功率 $Q = IV$。最终由实验管表面以对流换热 Q_C 和辐射换热 Q_R 方式传出。因此有

$$Q_C = Q - Q_R \tag{4-50}$$

式中　Q_R——辐射换热量，W；

圆管表面的辐射放热量 Q_R 可由下式计算：

$$Q_R = \varepsilon \cdot C_0 \cdot \pi dL \left[\left(\frac{T_w}{100}\right)^4 - \left(\frac{T_f}{100}\right)^4\right] \tag{4-51}$$

式中　ε——圆管表面黑度，本装置 $\varepsilon = 0.22$；
　　　C_0——黑体的辐射系数，5.67W/(m²·K⁴)；
　　　T_w,T_f——圆管表面和流体的平均热力学温度，K。

由以上分析可知,实验的中心问题是必须测量以下几个物理量:加热实验管的电流强度 I 和电压 V;管壁平均温度 t_w;流体平均温度 t_f;管子直径 d;管子长度 L 和空气流速 u_f。

空气流速测量采用毕托管,通过读取静压头和动压头的差值得到点流速大小。

$$u = \sqrt{\frac{2\Delta p}{\rho}} \tag{4-52}$$

式中　u——测点流速,m/s;

　　　Δp——压差,Pa;

　　　ρ——空气密度,取 $1.2 kg/m^3$。

毕托管测出速度为点流速,计算中需要用到的是断面平均流速,故还要乘上系数 0.82 进行折算。实验管与毕托管两者所处风洞面积有差异,所以还要根据连续性方程计算出实验管所处风洞空气的平均流速 u_f。

$$u_f = 0.82\sqrt{\frac{2\Delta p}{\rho}} \cdot \frac{F_b}{F_g} \tag{4-53}$$

式中　u_f——风洞空气的平均流速,m/s;

　　　F_b——毕托管所处流道面积,m^2;

　　　F_g——实验管所处流道面积,m^2。

四、实验方法与步骤

(1)合上电源盒开关,打开面板电源开关,使用风门开关(不同的位置对应不同的功能:上增下减中固定),关闭插板阀,再合上风机马达的电源,使风机在空载下起动。

(2)根据需要开启插板阀,以调节风量(在巡检仪上通过 set 键和增加、减小键定在测位 8 观察风门调节情况,至少 80Pa 以上)。

(3)合上电加热器电源,调节输出电压(电压不能超过 60V,建议 30~50V 左右),在该工况下开始进行加热。

(4)加热约 10min 后观察各热电偶指示的温度直到稳定为止(壁面温度在 1min 内保持读数基本不变即认为达到稳定,并非一定需要 10min),从巡检显示屏幕上读取各相应数据,记录在实验记录表中。

(5)保持加热器功率不变,用风门开关调节插板阀改变风量至另一数值[风门调节参看步骤(2)],重复步骤(4),重复做 5~8 次。

实验中应注意:必须待风机起动后再合上加热器电源,而实验结束时应先停止加热再停风机。

五、实验数据记录及处理

1. 基本数据

实验管管径 $d = 0.05m$;实验管管长 $L = 0.24m$;实验管所处矩形流道面积 $F_g = 0.24m \times 0.2m$;毕托管所处矩形流道面积 $F_b = 0.15m \times 0.15m$。

2. 实验记录表

实验记录表见表 4-10。

表 4-10 强迫对流实验记录表

序号	空气平均温度 t_f ℃	管壁平均温度 t_w ℃	运动黏度 ν_f m²/s	热导率 λ_f W/(m·℃)	辐射换热量 Q_R W	对流换热量 Q_c W	对流换热系数 h W/(m²·℃)	Nu_f	平均流速 u_f m/s	Re_f
1										
2										
3										
4										
5										
6										
7										
8										

六、思考题

(1) 为什么可以将空气的 Pr 取为常数？

(2) 为什么计算雷诺数时采用 μ_f 而不是 μ？

七、本次实验的心得及建议

实验八　换热器实验

一、实验目的

(1) 熟悉换热器性能的测试方法，了解影响换热器性能的因素；

(2) 掌握间壁式换热器传热系数的测定方法；

(3) 了解套管换热器、螺板换热器和列管换热器的结构特点及其性能的差别；

(4)加深对顺流和逆流两种流动方式下换热器换热能力差别的认识;
(5)熟悉流体流量、温度等参数的测量技术。

二、实验装置

本实验台参照 JB/T 10379—2002《换热器热工性能和流体阻力特性通用测定方法》设计制造及实验。实验台由三种(列管、套管、螺旋板)换热器为实验对象,它们分别由设在冷热流体的进口端的闸阀控制与冷流体和热流体接通和断开,以便进行单独实验操作。对套管式换热器则设置了四只球阀与冷流体连接管路,构成了顺流和逆流的切换操作。实验装置如图 4-19 所示。

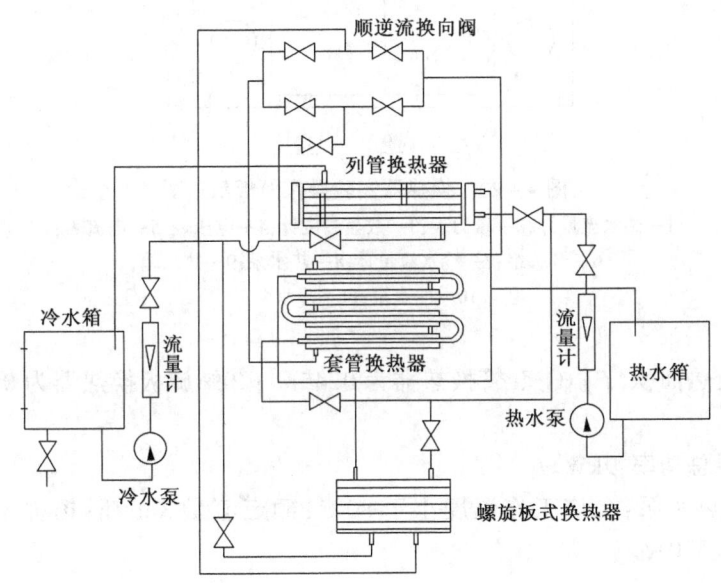

图 4-19　换热器实验台简图

热流体由装置在热水箱中的电热器加热,电热器的加热电压由操作面板上的控制器进行控制,由温度检测仪对水温进行设定并控制,通过热水泵、流量计、控制阀后进入换热器的入口,与流体在换热器中进行了间壁式热交换后又回到热水箱。

冷流体通过冷水泵、流量计、控制阀后进入换热器的入口与热流体进行了间壁式的热交换后回到了冷水箱。由于套管换热器结构的缘故,冷流体除了可以和热流体同向(顺流)流动外,还可以与热流体反向(逆流)流动,所以通过换向阀的控制,套管换热器的实验可以做顺流和逆流的工况,以此比较两种工况的换热差别。在实验中,由于冷流体不断吸取热流体传递的热量,因此回到冷水箱的冷流体的温度逐渐升高,使冷流体和热流体的温差也由此逐渐缩小,最后的结果会使实验工况脱离实际情况,实验无法进行。因此,实验台在冷水泵的入口处设置的水阀既可以作为放水阀使用放净水箱的水,又可以当因水温上升影响实验时,直接连接自来水来保证实验的正常进行。

操作面板上安装着温度控制和检测仪表、热水泵和冷水泵的启动开关、电加热器的加热开关,当达到设定温度时加热将自动停止,为了不使加热的启停过于频繁,还设置了一组加热可手动切开;测温仪表的下端是温度检测转换按键,分别可转换热水进出口温度和冷水进出口温度进行测读,应当注意当顺逆流转换阀分别在顺流位置和逆流位置时,所读温度值的区别。

实验操作面板示意图如图 4-20 所示。

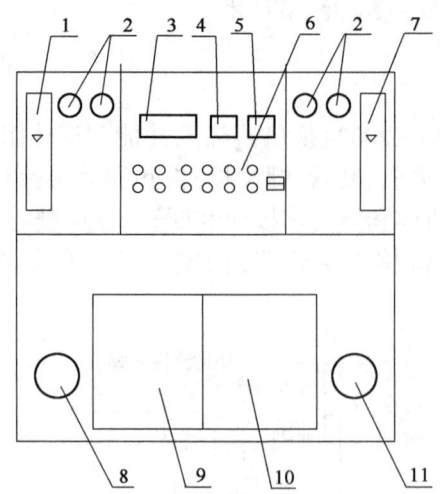

图 4-20 换热器实验操作面板示意图
1—热水流量计;2—压力表;3—数显温度计;4—电压表;5—电流表;
6—开关组;7—冷水流量计;8—热水泵;9—热水箱;
10—冷水箱;11—冷水泵

实验台参数：

(1)换热器换热面积(F):①套管换热器为 $0.45m^2$;②螺旋板换热器为 $0.65m^2$;③列管换热器为 $1.05m^2$。

(2)电加热器总功率:9kW。

(3)冷水泵、热水泵:允许工作温度小于 80℃;额定流量 $3m^3/h$;扬程 12m;电动机电压 220V;电动机功率 370W。

三、实验方法与步骤

(1)熟悉实验装置及使用仪表的工作原理和性能。

(2)接通设备电源,打开要实验的换热器热水入口和冷水入口阀门,关闭暂不需要做实验的换热器的热水入口和冷水入口的阀门。在做套管换热器的时候,还要按顺流(或逆流)方式切换冷水换向阀门。切记在转换换热器类型或进行顺逆流转换时务必做到先开后关,以防止进口流体的压力突然过高使水泵受损。

(3)向冷水箱、热水箱加水。加电使电加热器工作,并将温度控温值设定在 60℃左右(出厂时已进行设定,无须再行设定)。

(4)热水温度起控后,启动热水泵,并调整至最大流量;启动冷水泵,并调整至最大流量;等温度基本稳定后,即可以测读各点温度和流量。

(5)旋转冷水水泵进口阀门,将冷流体流量逐步减少,每减少一次记录一次数值,共做五至六点;然后将冷流体流量固定至最大,分五至六点减少热流体流量,记录数据。

(6)每个工况稳定运行 5min 后,进行四次等时间间隔数据读取和记录,然后取所有数据的算术平均值作为该工况的实验测定值。

(7)按以上操作步骤,分别转换开闭三种换热器,进行实验,测读数据。

(8)实验结束后,首先关闭电加热器开关,5min 后切断全部电源。

(9)实验时由于冷流体不断置换的结果,冷水箱的冷水温度将不断升高,冷水出口与入口的温度差也会不断缩小,严重的影响实验结果,因此建议将自来水直接加进冷水箱,并控制好流量,将冷水出口的流体通过软胶管排入下水道。

注意:热流体在热水箱中加热温度不得超过80℃;实验台使用前应加接地线,以保安全。

四、实验数据记录及处理

本实验需要计算传热系数,计算方法如下:
热流体放热量:

$$Q_1 = c_{p1}m_1(t_{h1} - t_{h2}) \tag{4-54}$$

冷流体吸热量:

$$Q_2 = c_{p2}m_2(t_{c1} - t_{c2}) \tag{4-55}$$

平均换热量:

$$Q = \frac{Q_1 + Q_2}{2} \tag{4-56}$$

对数平均温差:

$$\Delta t_m = \frac{\Delta t_2 - \Delta t_1}{\ln \frac{\Delta t_2}{\Delta t_1}} \tag{4-57}$$

如果是顺流:

$$\Delta t_1 = t_{h1} - t_{c1} \qquad \Delta t_2 = t_{h2} - t_{c2}$$

如果是逆流:

$$\Delta t_1 = t_{h1} - t_{c2} \qquad \Delta t_2 = t_{h2} - t_{c1}$$

传热系数:

$$K = \frac{Q}{A\Delta t_m} \tag{4-58}$$

式中 c_{p1}, c_{p2}——热、冷流体的比定压热容,J/(kg·℃);
m_1, m_2——热、冷流体的质量流量,kg/s;
t_{h1}, t_{h2}——热流体的进出口温度,℃;
t_{c1}, t_{c2}——冷流体的进出口温度,℃;
A——换热器的换热面积(见前面实验台参数),m^2。

注意:热、冷流体的质量流量 m_1、m_2 是根据修正后的流量计体积流量读数 V_1、V_2 再换算成的质量流量值。

实验数据记录于表4-11。

五、思考题

(1)通过以上计算结果对三种不同型式的换热器换热性能进行比较,分析三种换热器的换热性能的优劣。

(2)按照式(4-54)~式(4-56)计算 Q 与实际值存在什么偏差?

表 4-11 换热器实验记录及计算表

类型	流向	热流体			冷流体			传热系数 K W/($m^2 \cdot$ ℃)	室温 t_0 ℃
		进口温度 t_{h1} ℃	出口温度 t_{h2} ℃	流量 m_1 kg/s	进口温度 t_{c1} ℃	出口温度 t_{c2} ℃	流量 m_2 kg/s		
套管换热器	顺流								
	逆流								
列管换热器									
螺旋板换热器									

六、本次实验的心得及建议

参 考 文 献

[1] 陈小榆.工程流体力学[M].北京:石油工业出版社,2015.
[2] 杨世铭,陶文铨.传热学[M].4版.北京:高等教育出版社,2006.
[3] 张学学.热工基础[M].3版.北京:高等教育出版社,2015.
[4] 申洁.传热与传质(富媒体)[M].北京:石油工业出版社,2018.
[5] 朱明善.工程热力学.北京:清华大学出版社,1998.
[6] 毛根海.应用流体力学[M].北京:高等教育出版社,2008.
[7] 左东启.模型实验的理论和方法[M].北京:水利电力出版社,1984.
[8] 徐大中.热工测量与实验数据整理[M].上海:上海交通大学出版社,1995.
[9] 郑正泉.热能与动力工程测试技术[M].武汉:华中科技大学出版社,2001.
[10] 沈小雄.工程流体力学实验指导[M].长沙:中南大学出版社,2009.
[11] 张国磊.工程热力学实验[M].哈尔滨:哈尔滨工程大学出版社,2012.